我爱我的祖国

小地图 大世界

中国地图出版社 编著

中国地图出版社
·北京·

图书在版编目（CIP）数据

我爱我的祖国 / 中国地图出版社编著． -- 北京：中国地图出版社，2025.1． --（小地图大世界）．
ISBN 978-7-5204-4966-3

Ⅰ．P942-49

中国国家版本馆 CIP 数据核字第 20251MN921 号

XIAO DITU DA SHIJIE WO AI WO DE ZUGUO
小地图大世界 我爱我的祖国

出版发行：	中国地图出版社
邮政编码：	100054
社　　址：	北京市西城区白纸坊西街 3 号
网　　址：	www.sinomaps.com
电　　话：	010-83490076　83495213
经　　销：	新华书店
印　　刷：	保定市铭泰达印刷有限公司
印　　张：	6.5
成品规格：	185mm×260mm
版　　次：	2025 年 1 月第 1 版
印　　次：	2025 年 1 月河北第 1 次印刷
定　　价：	39.80 元
书　　号：	ISBN 978-7-5204-4966-3
审 图 号：	GS 京（2025）0039 号

本图中国国界线系按照中国地图出版社 1989 年出版的 1:400 万《中华人民共和国地形图》绘制
如有印装质量问题，请与我社发行公司联系调换

编　　著：中国地图出版社

策　　划：孙　水

责任编辑：梅　换

审　　订：何　慧

美术编辑：封超男

图片提供：视觉中国

图　例

★北京	首都	～	河流
⊙杭州	省级行政中心	⊢⊢⊢⊢	运河
○宜宾	城镇	◯	湖泊
──未定──	国界	～～	时令河　时令湖
·············	省级界	～～	海岸线
------	特别行政区界		珊瑚礁

目 录

1 国家版图是什么

国家	02
国家版图	04
地图和国家版图	05
国家版图的空间构成	06
国家管辖海域	08
国界	10
什么是地图	12

2 中国版图知多少

中国的地理位置	16
中国领陆	18
·青藏高原上的世界之最	20
中国领水	24
中国领空	28
·东海防空识别区	29
中国的行政区划	30
中国的左邻右舍	32
中国的版图变迁	35

3 中国版图在地图上的正确表达

中国版图在地图上的正确表示	40
·以山河为界的中国省级行政区	43
地图管理	50

4 中国的山水林田湖草沙海

中国的山	54
·中国名山	56
中国的水	58
中国的林	64
中国的田	70
中国的湖	74
·著名湖泊	76
中国的草	78
·中国典型草原	80
中国的沙	82
中国的海	84

5 我的家在中国

我的旅行手帐	88
我的家乡我来记	90
我的家乡我来夸	92

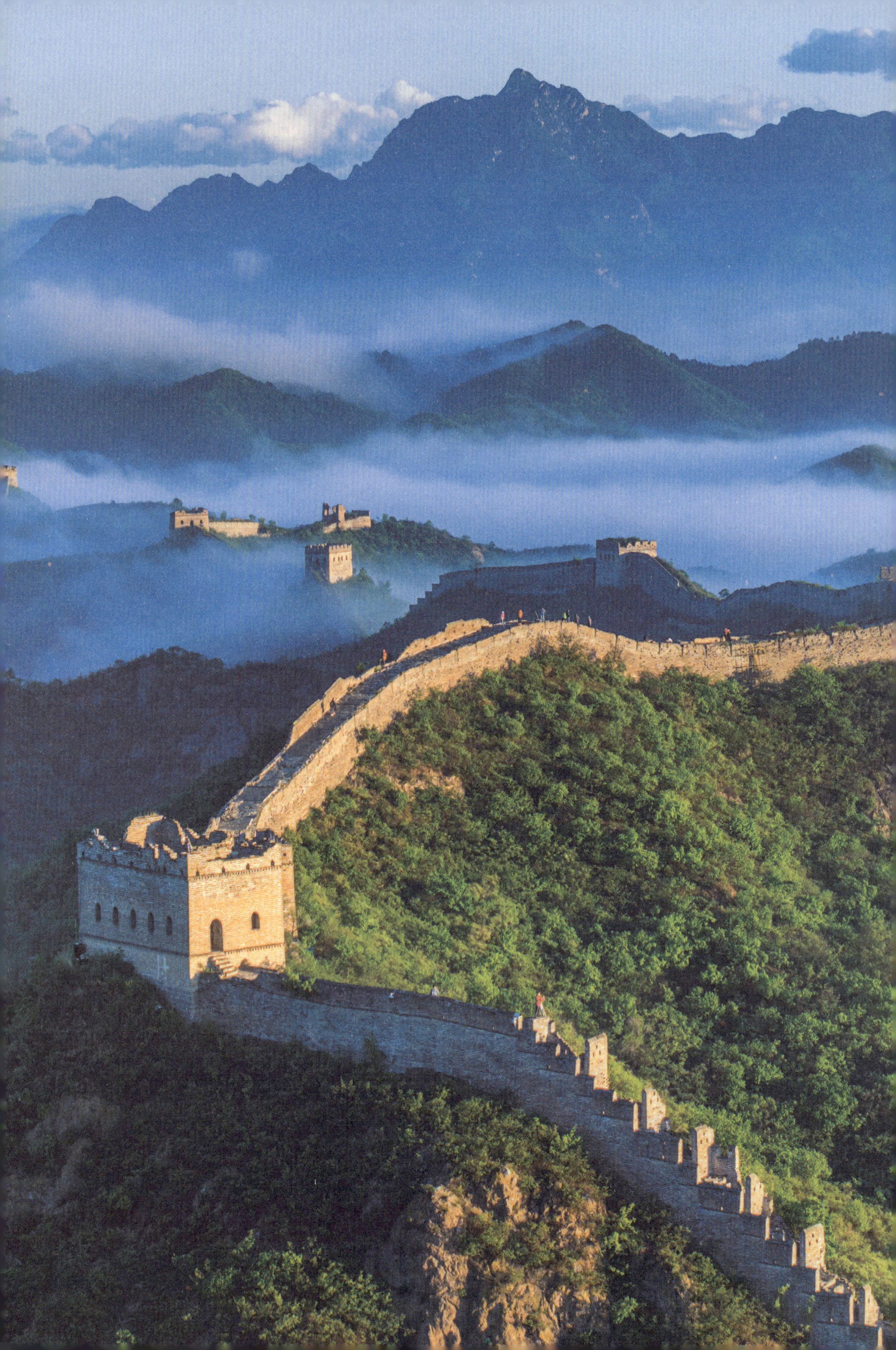

国家版图
是什么

1

国家

国家是人类社会发展到一定历史阶段的产物。从政治地理意义上讲，国家指在独立主权政府领导下，占有一定领土，拥有一定人口的地域政治实体。同时，这个政府必须具有保持内部稳定、不受外来控制或干涉的能力。

政治地理意义上的国家必须具备四个基本要素：领土、主权、人民、政府。

领土
1

主权
2

确定的领土

领土是国家存在的重要物质基础。有了一定面积的领土，国家才有行使主权的对象和空间范围。

完整的主权

主权是一个国家独立自主处理对内、对外事务的最高权力。

一定的政权组织

政权组织即政府。政府是国家存在的标志，代表国家对内实行管理，对外进行交往。

定居的人民

人民是国家存在的根本。有了一定数量的固定居民，才能形成一定的经济和政治结构，从而组成国家。

人民 3

政府 4

世界上**面积最大**的国家——俄罗斯
世界上**面积最小**的国家——梵蒂冈
世界上**海拔最低**的国家——荷兰
世界上**领土最狭长**的国家——智利
世界上**海岸线最长**的国家——加拿大
世界上**最大的群岛国**——印度尼西亚

国家版图

　　国家版图是一个国家行使主权和管辖权的疆域，包括领土和享有一定主权权利的国家管辖海域，是国家主权和领土完整的象征。有时，国家版图也用来指反映国家疆域的地图。国家版图可以用地图、文字等多种形式来表达。

▼ 大清万年一统地理全图（局部）

地图和国家版图

地图是表达国家版图最常用、最主要的形式。在春秋战国时,献出表示版图的地图就如同献出国土。可以看出,从那时起地图就作为地域管辖权凭证,发挥着重要的作用。

由于表示了国家版图的地图象征着国家主权和领土完整,体现了国家的主权意志和政治外交立场,世界各国都十分重视本国版图在地图上的正确表示。

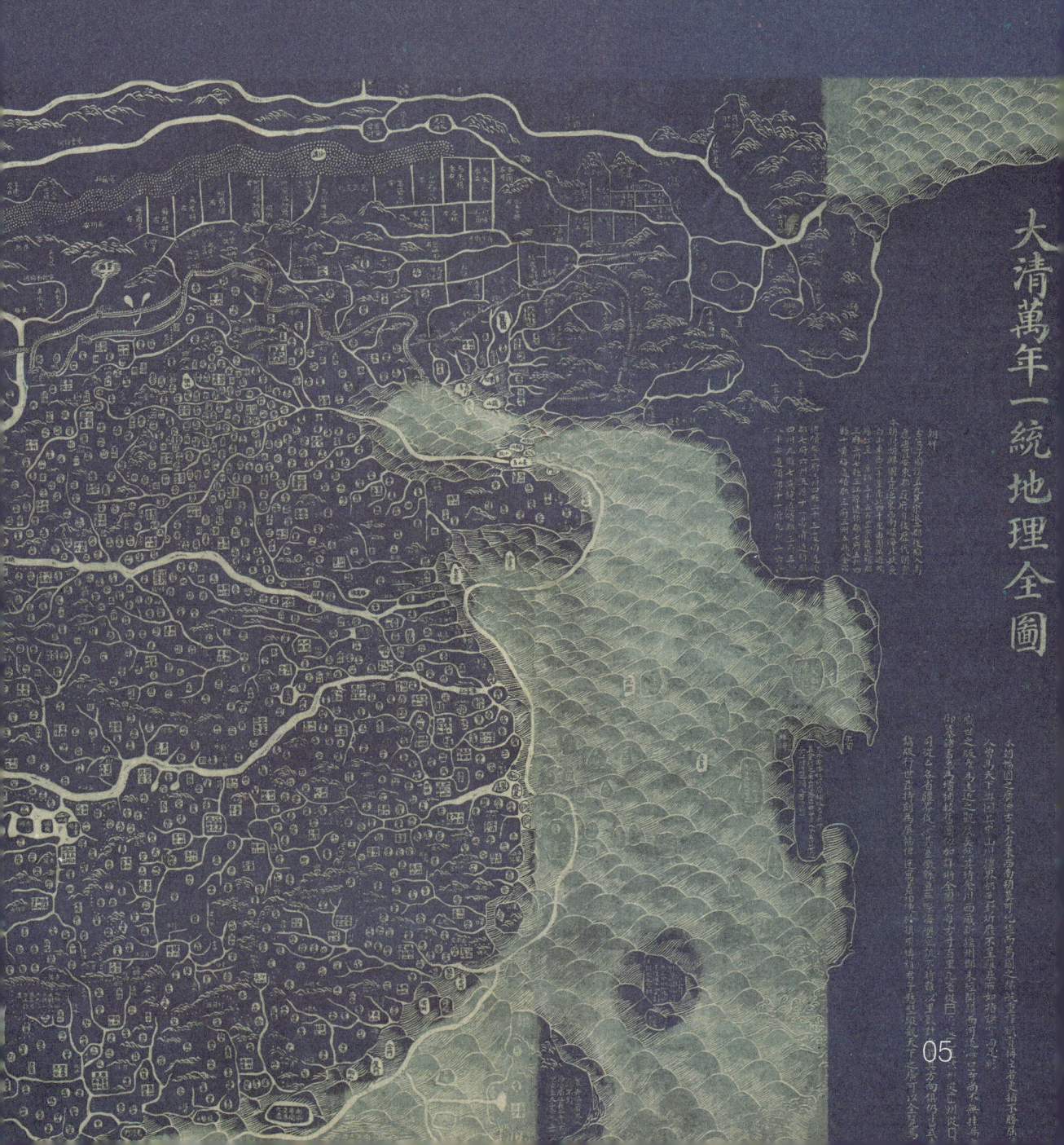

国家版图的空间构成

任何国家都必须有一定的领土，国家对其领土拥有绝对的管辖权。领土指处于国家主权管辖下的地球表面的特定部分，包括国家主权管辖下的一切陆地、水域及其底土和上空，由领陆、领水和领空三部分组成。

河流

内海

内水

内水指国家领陆内的水域和领海基线陆地一侧的水域，包括河流及其河口、湖泊、港口、港湾和内海等。

湖泊

领陆

领陆指国家主权管辖下的陆地及其底土，是国家领土的基本组成部分。

领海基点

领海

领海是从领海基线量起向海洋方向延伸一定宽度的水域，每个沿海国家有权确定其领海宽度，但不能超过12海里。

领水依附于领陆，领空又依附于领陆和领水。如果领陆发生变动，则领水和领空亦将随之变动。世界上没有无领陆的国家。

领空 领空指国家领陆和领水上方的大气空间。

领水

领水指国家主权管辖下的全部水域及其底土，是国家领土的重要组成部分。领水包括内水和领海两部分。

12　距离/海里

大陆架底土

07

国家管辖海域

根据《联合国海洋法公约》，各沿海国不仅享有领海主权，还享有毗连区内的管制权利，专属经济区、大陆架上的多项主权权利和管辖权。

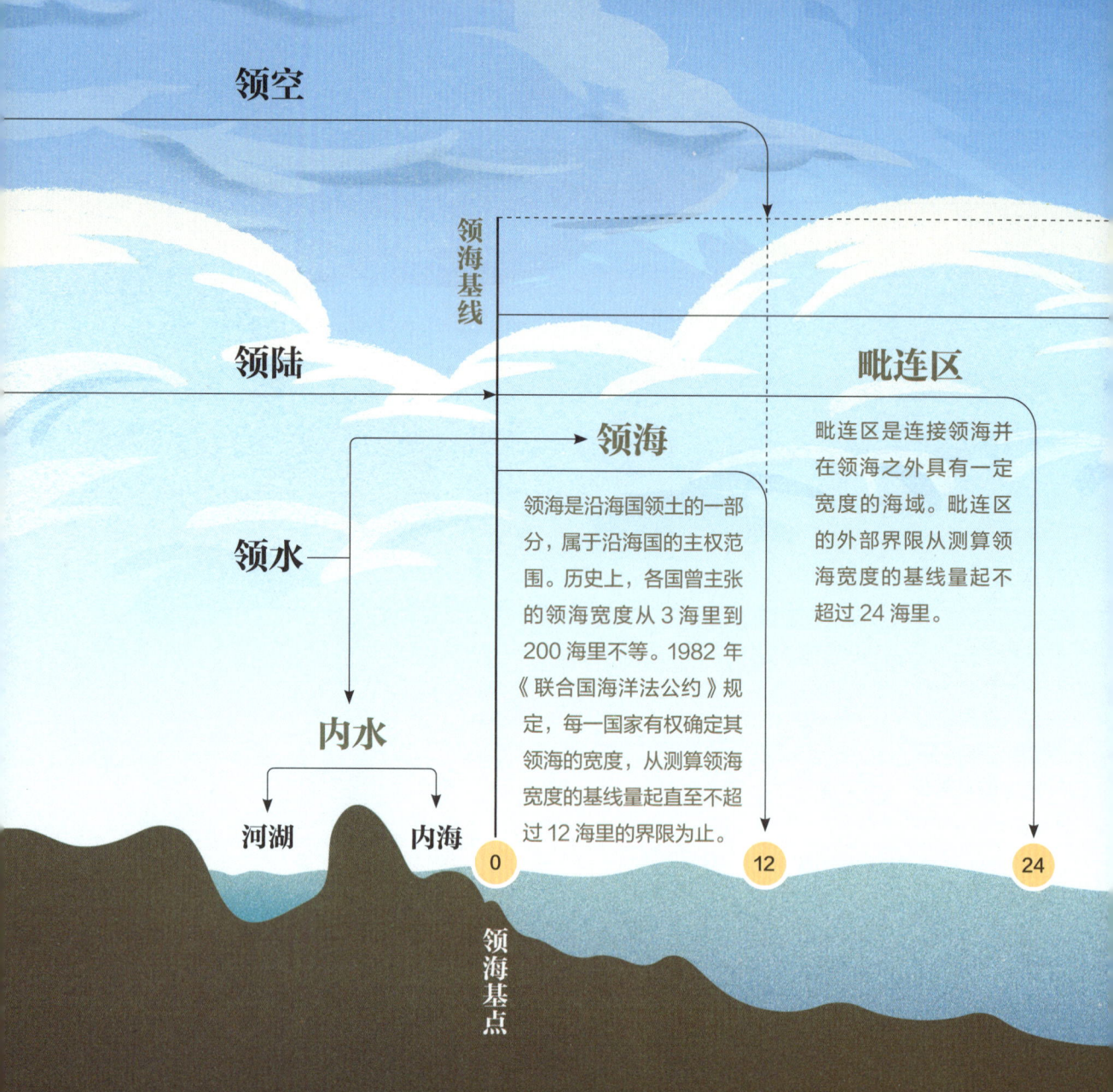

领空

领海基线

领陆

毗连区

毗连区是连接领海并在领海之外具有一定宽度的海域。毗连区的外部界限从测算领海宽度的基线量起不超过24海里。

领海

领海是沿海国领土的一部分，属于沿海国的主权范围。历史上，各国曾主张的领海宽度从 3 海里到 200 海里不等。1982 年《联合国海洋法公约》规定，每一国家有权确定其领海的宽度，从测算领海宽度的基线量起直至不超过 12 海里的界限为止。

领水

内水

河湖　　内海

0　　　　　12　　　　　24

领海基点

大陆架

专属经济区

专属经济区是领海以外并邻接领海的一个区域。其宽度从测算领海的基线量起不超过 200 海里，自然空间范围包括水体、海床和底土。

大陆架

大陆架是沿海国陆地领土自然延伸到大陆边外缘的海底区域的海床和底土。《联合国海洋法公约》第 76 条规定大陆架宽度一般不超过 350 海里。

公海

200　　　350　距离/海里

国际海底区域

国界

国界即国家边界，是国家行使其主权权利和管辖权的界线，也是保障国家领土完整的最基本条件。

国界主要有三类

① **以山脉、河流等自然要素为依据划分的自然边界**。如阿尔卑斯山脉是瑞士、意大利、法国之间的边界，黑龙江是中国与俄罗斯的界河。

② **以民族、宗教、战争及传统习惯线等因素为依据划分的人文边界**。如欧洲许多国家根据民族分布来划定国界，还有一些国家的边界则是根据战争结果来划定的。

③ **以经线、纬线等几何要素为依据划分的几何边界**。如非洲的一些国家按照经纬线来划定国界。美国本土与加拿大的边界大部分是沿49°N划分的，是世界上最长的几何边界。

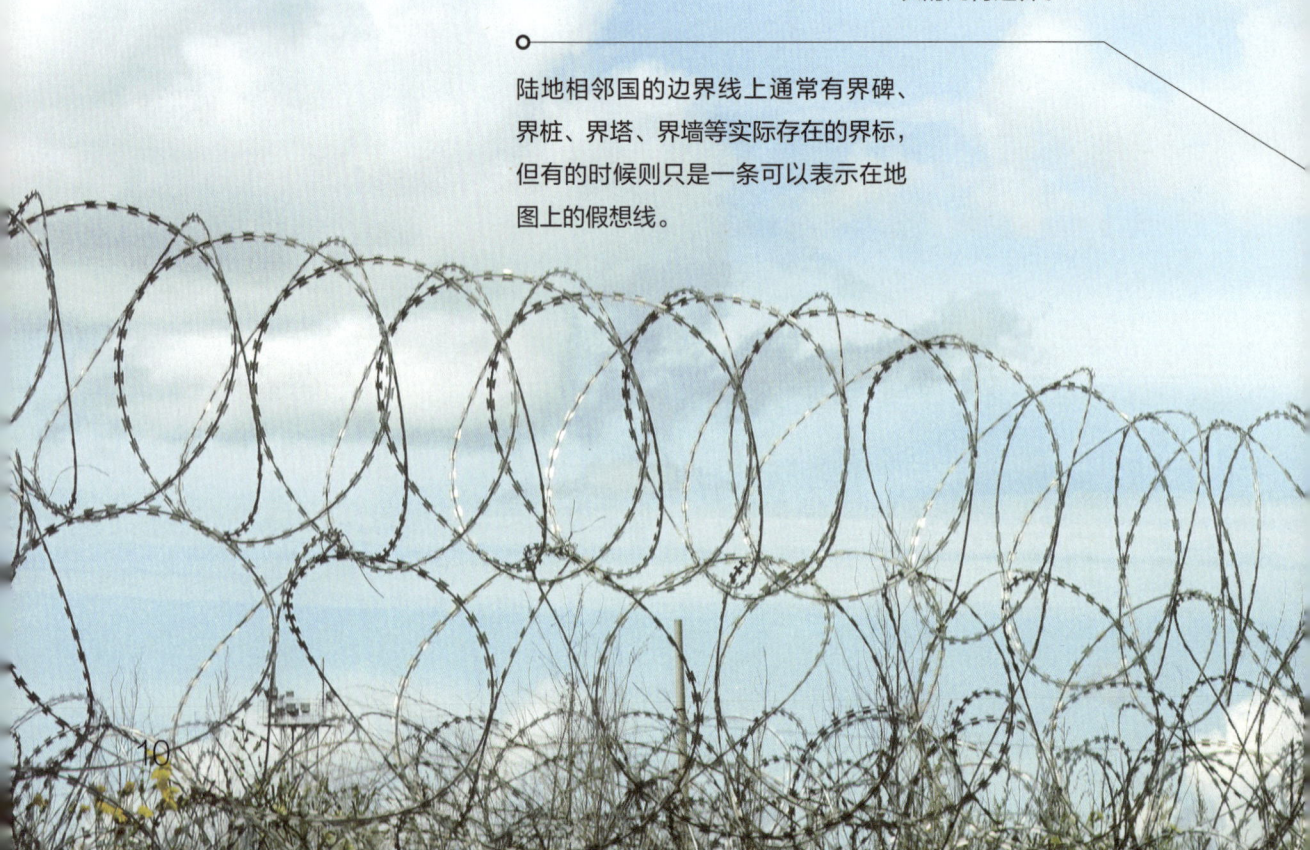

陆地相邻国的边界线上通常有界碑、界桩、界塔、界墙等实际存在的界标，但有的时候则只是一条可以表示在地图上的假想线。

国界的划分有时会导致一些奇特的现象，例如位于边界上的同一处村落却分属两个国家，还有跨国水电站、跨国房屋等。

由于国家海洋权益主张不尽相同，在海岸相邻或相向国家关于领海、专属经济区、大陆架出现主张重叠情况时，也存在海洋划界问题。

▼ 中国界碑

▲ 美墨边境墙

▲ 伊泰普水电站位于巴西和巴拉圭界河上

什么是地图

每幅地图都是出于某种需要而绘制的，它们具有相应的作用和价值。想要绘制出直观、形象、适合阅读的地图，不仅需要获取现实中的各种信息，还需要借助一些符号来表达这些信息，并用文字进行必要的注释。

方向

地图可以带你去想去的地方。首先，你要去哪里？你要知道目的地在哪个方向。一般来说，在标有指向标的地图上，按照指向标定方向即可。如果地图没有标明方向，那就要按照"上北下南，左西右东"来定方向。如果地图带有经纬线，那就按照经纬线定方向。其中，经线指示南北方向，纬线指示东西方向。

图例

假如你从游乐场去医院，沿途有商场、环路、图书馆、居民楼等，如何让这些地理事物在地图上一一表现，这就需要用一定的图形和文字注记来标记。这就是图例。

北

地图三要素

如果你能够在地图上识别方向、量算距离、读懂图例，那你就学会看地图啦。

比例尺

你一定见过消防车吧，把它按照一定比例缩小就是你小时候玩的玩具消防车。我们也可以按照一定比例"缩小"一定区域，这就是比例尺的起源。比如，地图上游乐场距离商场大约为6厘米，二者的实际距离约为6千米，那这幅地图的比例尺为1∶100000。

地图的发展大致经历了古代地图、近代地图和现代地图三个阶段，呈现形式从陶器、泥板、木板、绢帛等到纸质地图，再到电子地图、遥感影像地图等，地图载体的变化也见证了人类文明的进步。

图 例

游乐场　　图书馆　　医院　　商场　　居民楼

比例尺　1∶100000

清乾隆年间漕运图（局部）

中国版图知多少 2

中国的地理位置

从半球位置和海陆位置看，我国位于北半球，处在世界最大的大洲——亚洲的东部，东临世界最大的大洋——太平洋，地理位置十分优越。

从纬度位置看，我国领土南北跨纬度很广，一部分地区位于中纬度地区，属北温带，一小部分地区位于北回归线以南的热带。我国没有地区位于寒带，只在高山地区才有类似寒带的终年冰雪带。

我国的领土最西端在新疆维吾尔自治区的帕米尔高原上。

▶ 中国简图

▽ 帕米尔高原

我国的领土最北端在黑龙江省漠河市北端的黑龙江主航道中心线上。

我国的领土最东端位于黑龙江省黑龙江与乌苏里江主航道中心线的汇合处。

▽ 漠河冬日景色

▲ 乌苏里江

▽ 南海珊瑚礁

我国的领土最南端为海南省南沙群岛中的曾母暗沙。

中国领陆

我国领陆包括中国大陆、台湾岛、海南岛、南海诸岛、钓鱼岛及其附属岛屿等沿海群岛和岛屿，以及其他属于我国的岛屿。

我国的陆地地域辽阔，地形复杂多样，既有广阔的平原和低缓的丘陵，也有雄伟的高原和起伏的山地，还有中间低、四周高的盆地。纵横交织的山脉构成我国地形的骨架，山脉和山脉之间镶嵌着我国的四大高原、四大盆地和三大平原。

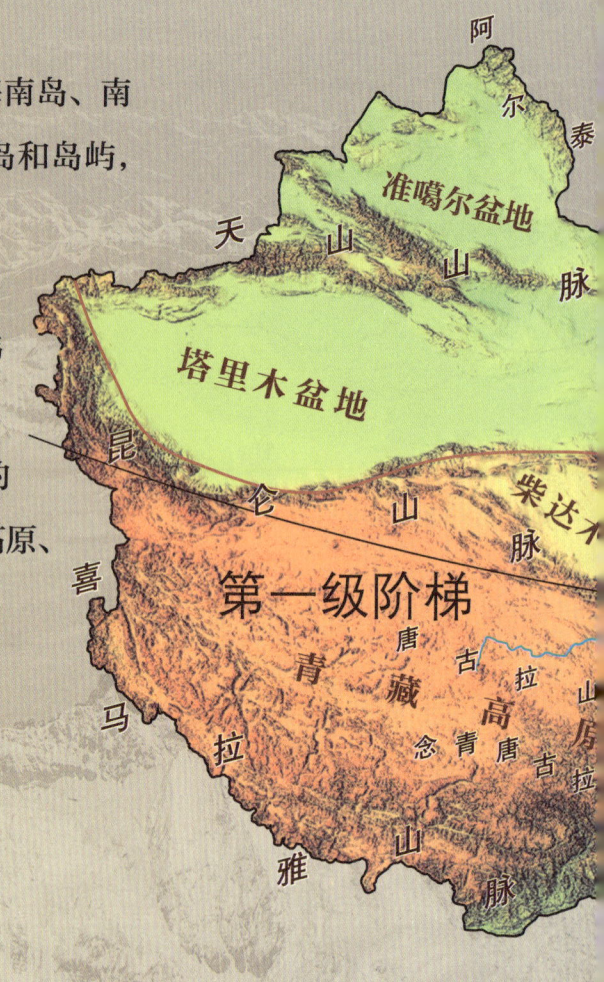

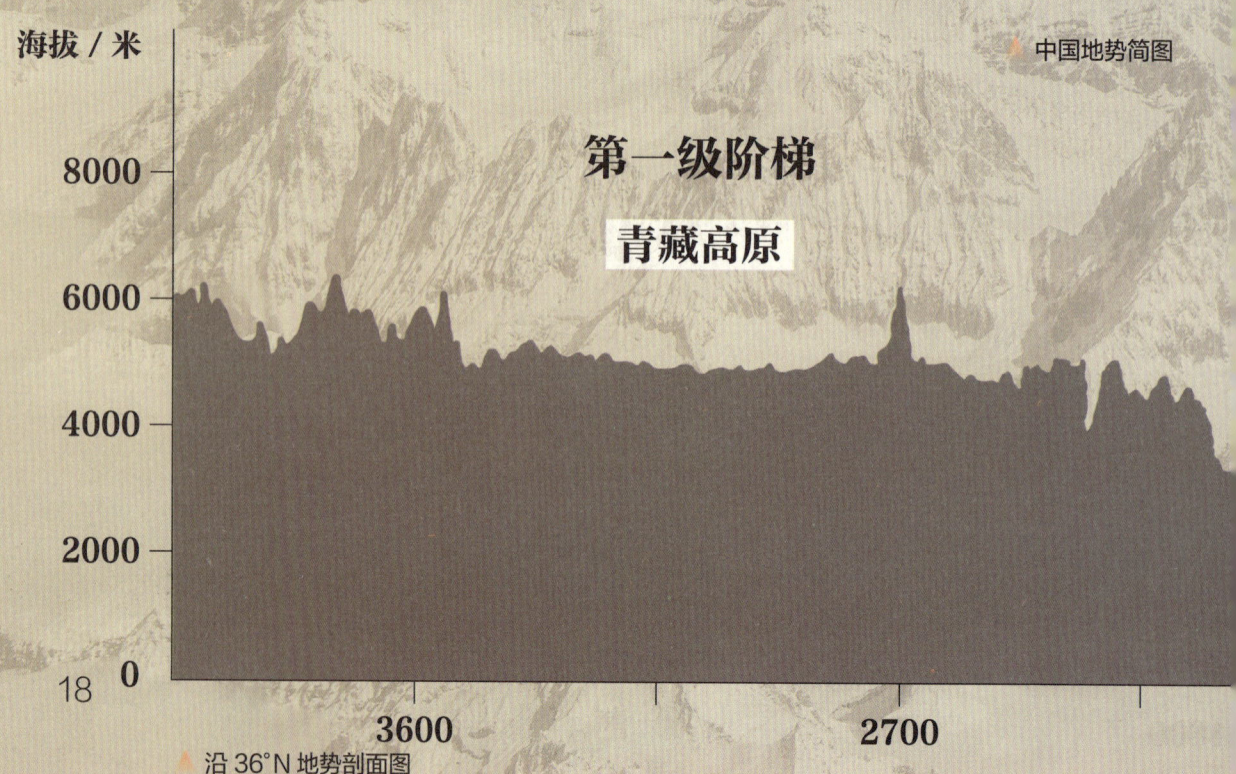

▲ 中国地势简图

第一级阶梯

青藏高原

海拔/米

▲ 沿36°N地势剖面图

中国地形阶梯分布图

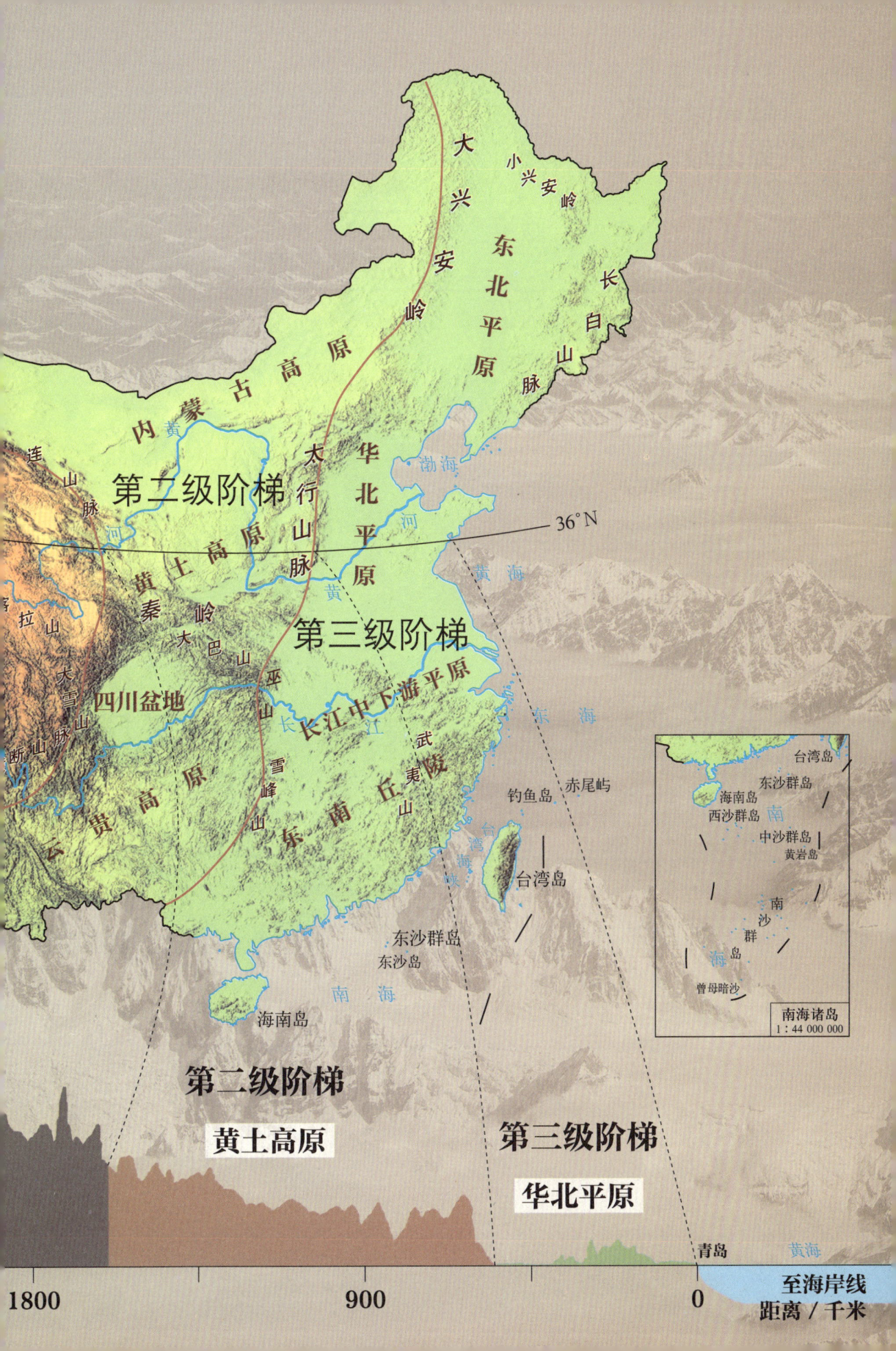

主要地形区

第二级阶梯：
- 内蒙古高原
- 黄土高原
- 四川盆地
- 云贵高原

第三级阶梯：
- 东北平原
- 华北平原
- 长江中下游平原
- 东南丘陵

主要山脉
- 大兴安岭
- 小兴安岭
- 长白山脉
- 太行山脉
- 秦岭
- 巫山
- 雪峰山
- 武夷山
- 大巴山
- 大雪山
- 横断山脉
- 祁连山脉

主要岛屿及海域
- 渤海
- 黄海
- 东海
- 南海
- 台湾岛
- 海南岛
- 钓鱼岛
- 赤尾屿
- 东沙群岛
- 西沙群岛
- 中沙群岛
- 南沙群岛
- 黄岩岛
- 曾母暗沙
- 台湾海峡

36°N

南海诸岛 1:44 000 000

剖面示意图（沿36°N）

第二级阶梯	第三级阶梯
黄土高原	华北平原

至海岸线距离/千米：1800 — 900 — 0（青岛 黄海）

青藏高原上的
世界之最

珠穆朗玛峰
雪面高程
8848.86 米

青藏高原
平均海拔在
4000 米以上

世界上最高的高原

世界上最高的山峰

▲ 珠穆朗玛峰

喜马拉雅山脉

平均海拔
6000米,
8000米以上高峰有
10座

雅鲁藏布大峡谷

长**504.6**千米,
最深达
6009米

世界上高峰最多的 山脉

世界上最深的峡谷

除大陆外，沿海岛屿也是我国领陆的重要组成部分。我国有大小岛屿11000多个，其陆域总面积约8万平方千米，占全国陆地面积的0.8%。台湾岛是我国第一大岛，面积约为3.6万平方千米。海南岛是我国第二大岛，面积为3.38万平方千米。其他岛屿面积较小，大部分岛屿分布在杭州湾以南的大陆沿岸和南海中。南海中的岛屿绝大多数是珊瑚礁。

"和美海岛"是中华人民共和国自然资源部开展的评选称号，每5年组织一次评选，称号有效期5年。2023年6月8日，自然资源部公布了"和美海岛"名单，全国33个海岛入选。

"和美海岛"入选名单	
辽宁省	大长山岛和小长山岛（岛群）、大王家岛、獐子岛
山东省	南长山岛和北长山岛（岛群）、大黑山岛、砣矶岛
江苏省	连岛
上海市	崇明岛
浙江省	南麂岛、花鸟山岛、洞头岛、玉环岛、枸杞岛、花岙岛、上大陈岛和下大陈岛（岛群）、秀山岛
福建省	湄洲岛、鼓浪屿、海坛岛、大嵛山、惠屿、南日岛
广东省	东澳岛、海陵岛、南澳岛、上川岛、外伶仃岛、桂山岛、三角岛
广西壮族自治区	涠洲岛
海南省	东屿岛、分界洲、赵述岛

涠洲岛

海南岛

▲ 中国大陆濒临的海岛（部分）示意图

渤海

南长山岛
和北长山岛（岛群）

黄海

崇明岛

枸杞岛

东海

鼓浪屿

钓鱼岛　赤尾屿

台湾海峡

台湾岛

南澳岛

台湾岛
东沙群岛
东沙岛
海南岛
西沙群岛
永兴岛
中沙群岛
黄岩岛
南
太平岛
永暑礁
西礁
沙
群
岛
曾母暗沙

东沙群岛
沙岛

南海诸岛
1 : 23 000 000

中国领水

我国领水包括内水和领海两部分。

我国河流众多，主要大河有长江、黄河、松花江、珠江、辽河、海河、淮河等。长江全长6363千米，是我国第一长河。黄河全长5464千米，是我国第二长河。

我国湖泊面积共8万多平方千米。其中，主要的淡水湖有鄱阳湖、洞庭湖、太湖、洪泽湖等，主要的咸水湖有青海湖、纳木错等。

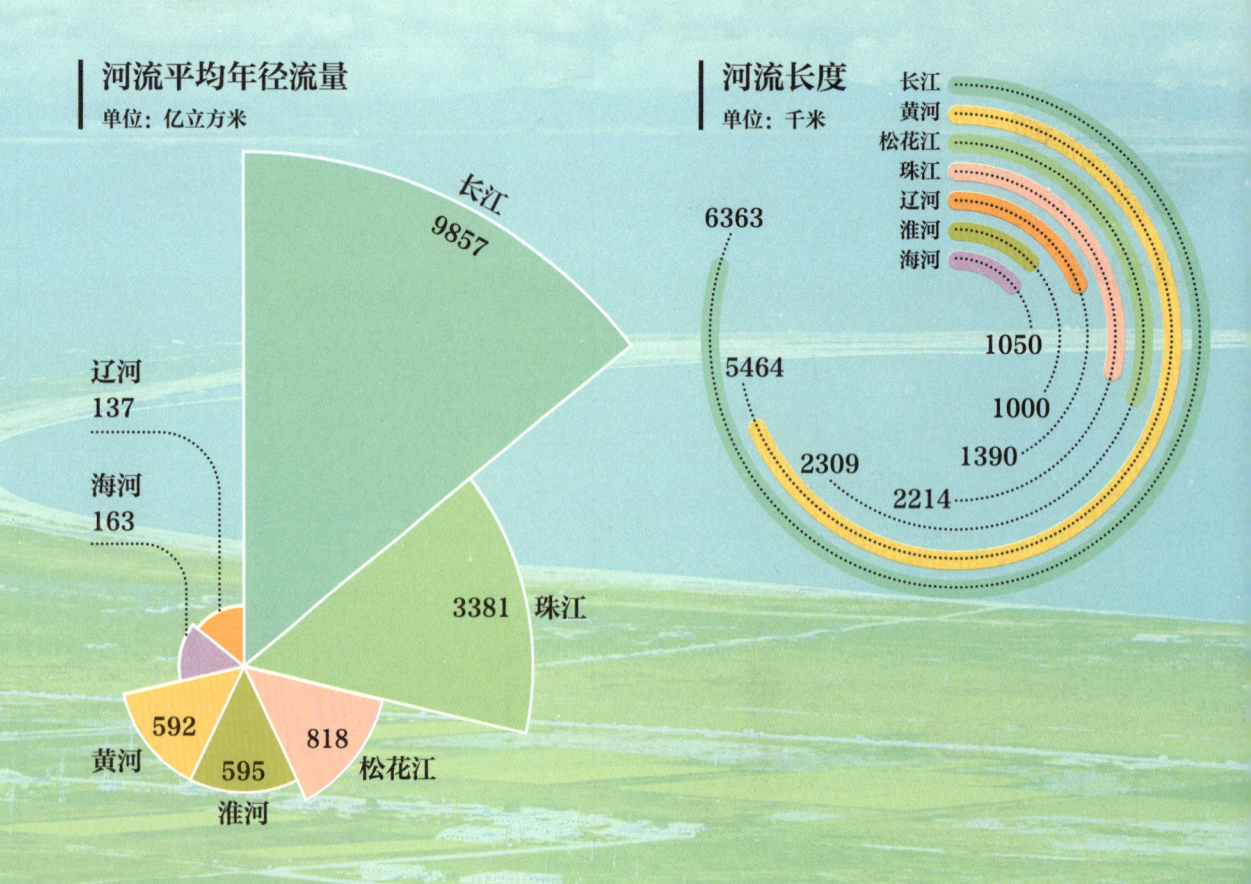

河流平均年径流量
单位：亿立方米

- 长江 9857
- 珠江 3381
- 松花江 818
- 淮河 595
- 黄河 592
- 海河 163
- 辽河 137

河流长度
单位：千米

- 长江 6363
- 黄河 5464
- 松花江 2309
- 珠江 2214
- 辽河 1390
- 淮河 1000
- 海河 1050

▲ 中国主要河流、湖泊分布图

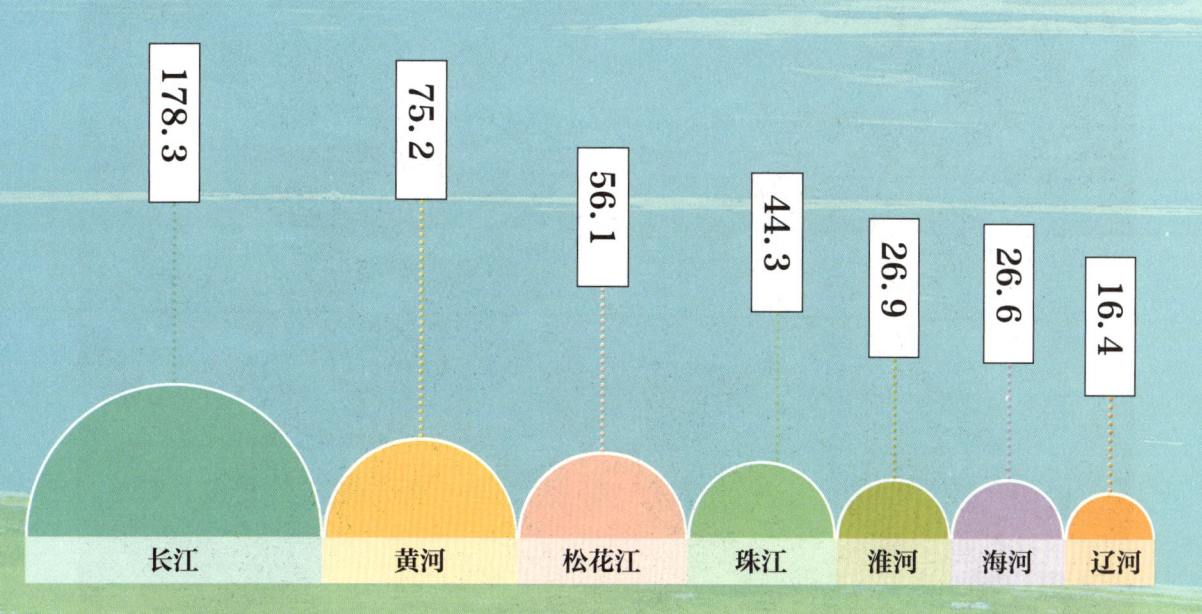

长江	黄河	松花江	珠江	淮河	海河	辽河
178.3	75.2	56.1	44.3	26.9	26.6	16.4

河流流域面积
单位：万平方千米

25

我国是一个海陆兼备的国家,既有广阔的陆地,又濒临渤海、黄海、东海、南海及台湾以东的太平洋等辽阔的海域。渤海、黄海、东海、南海连成一片,呈东北—西南向弧形排列,环绕在我国大陆的东面和东南面。

我国主张管辖的海域不但包括领海,也包括毗连区、专属经济区和大陆架等。

▲ 西沙群岛

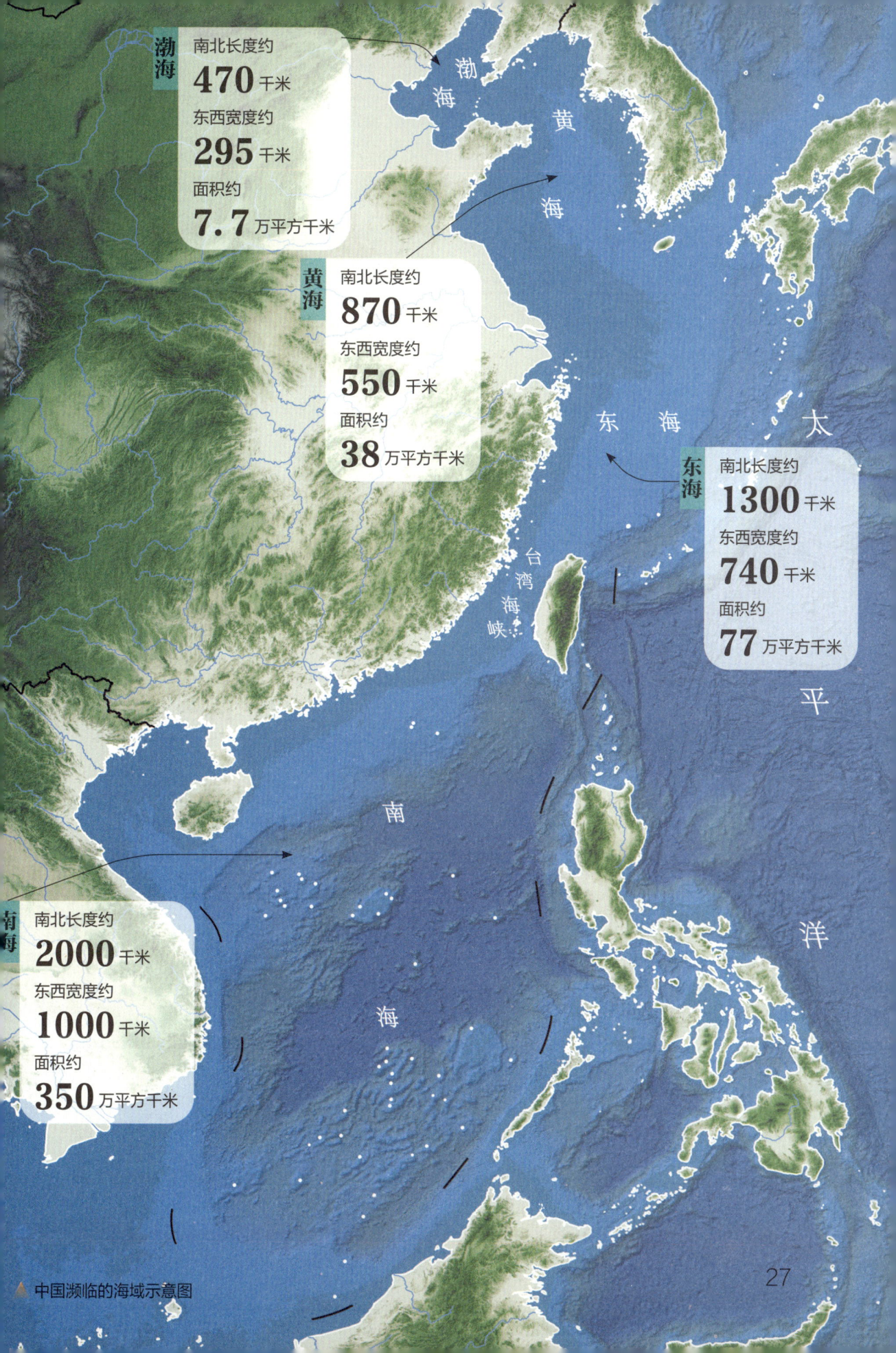

渤海
南北长度约
470 千米
东西宽度约
295 千米
面积约
7.7 万平方千米

黄海
南北长度约
870 千米
东西宽度约
550 千米
面积约
38 万平方千米

东海
南北长度约
1300 千米
东西宽度约
740 千米
面积约
77 万平方千米

南海
南北长度约
2000 千米
东西宽度约
1000 千米
面积约
350 万平方千米

渤海　黄海　东海　太平洋　台湾海峡　南海

▲ 中国濒临的海域示意图

中国领空

　　我国的领空指我国领陆和领水的上空，是我国领土的重要组成部分。按照我国的领空管制规定，在中华人民共和国领空的所有飞行必须预先提出申请，经批准后方可实施。外国航空器飞入或者飞出我国领空，或者在我国境内飞行、停留，必须按照我国的有关规定获得批准。未经批准擅自飞入或者飞出我国领空的外国民用航空器，我国有关部门有权采取必要措施，令其在指定的机场降落；严重的，可以采取必要措施，直至迫使其在指定机场降落。

▼ 珠海航展上的飞行表演

东海防空识别区

防空识别区，是一国基于空中防御的需要，在其领空以外划定的与其领空毗邻的特定空域。

当前，我国东海海域内时常有外国军用航空器的活动，东海海域的空中领土安全形势不容乐观，亟待加强有效管控。在此背景下，我国国防部于2013年11月23日正式宣布划设中国东海防空识别区，我国空军随即出动侦察机在该空域内进行了首次巡逻，多型战斗机和预警机实施支援掩护和指挥保障。

根据我国政府关于划设东海防空识别区的声明，位于东海防空识别区飞行的航空器，必须提供以下识别方式：飞行计划识别、无线电识别、应答机识别、标志识别。位于东海防空识别区飞行的航空器，应当服从东海防空识别区管理机构或其授权单位的指令。对于不配合识别或者拒不服从指令的航空器，我国武装力量有权采取防御性紧急处理措施。

东海防空识别区示意图

中国的行政区划

目前，我国的行政区域基本划分为省、县、乡三级。省级行政区包括省、自治区、直辖市、特别行政区。县级行政区包括县、自治县、旗、自治旗、县级市、市辖区。乡级行政区包括乡、民族乡、镇、苏木、民族苏木、街道。

目前，我国有34个省级行政区，其中包括23个省、5个自治区、4个直辖市和2个特别行政区。每一个省级行政区都是我国版图上不可分割的一部分。

▲ 中国行政区划简图

西藏自治区
- 海拔最高

平均海拔 **4000** 米以上

新疆维吾尔自治区
- 面积最大

约 **166** 万平方千米

- 边境线最长

与 **8** 个国家接壤，边境线长 **5600** 多千米

云南省
- 少数民族最多

世居少数民族有 **25** 个

广东省
- 人口最多

约 **12601** 万人

- 经济最发达

连续 **36** 年经济总量全国第一

- 海岸线最长

海洋资源丰富

内蒙古自治区

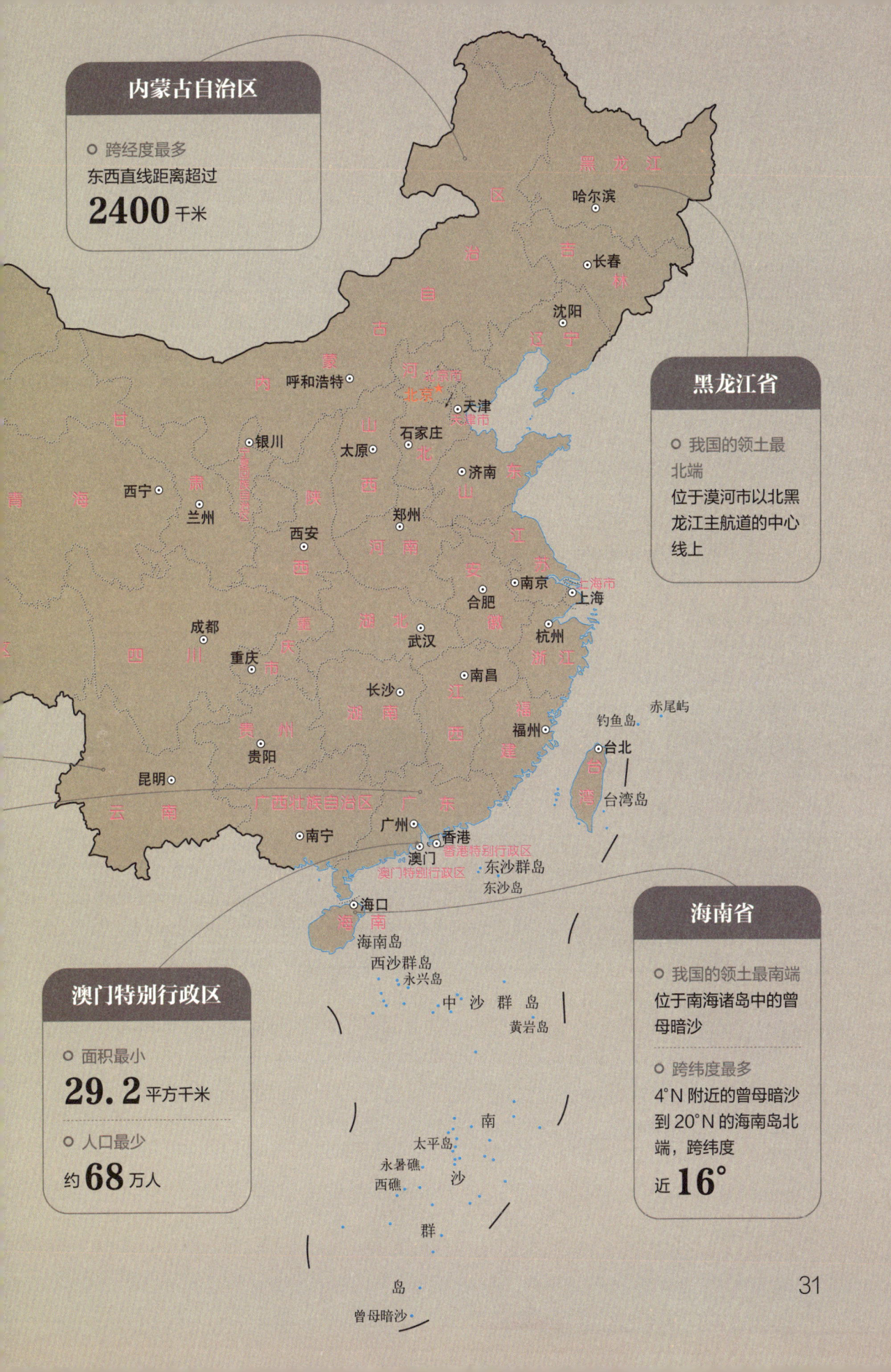

- 跨经度最多

东西直线距离超过
2400 千米

黑龙江省

- 我国的领土最北端

位于漠河市以北黑龙江主航道的中心线上

澳门特别行政区

- 面积最小
29.2 平方千米
- 人口最少
约 **68** 万人

海南省

- 我国的领土最南端

位于南海诸岛中的曾母暗沙

- 跨纬度最多

4°N 附近的曾母暗沙到 20°N 的海南岛北端，跨纬度近 **16°**

中国的左邻右舍

我国陆地边界东起中朝边界的鸭绿江口,经过黑龙江、阿尔泰山、帕米尔高原、喜马拉雅山、高黎贡山到中越边界的北仑河口,总长度约2.2万千米,是世界上特别长、边界情况特别复杂的陆地边界线之一。

我国在海上与8个国家相邻或相望,从北到南依次为朝鲜、韩国、日本、越南、菲律宾、马来西亚、文莱、印度尼西亚。我国大陆海岸线北起鸭绿江口,南至北仑河口,总长度约1.8万千米,排在澳大利亚、俄罗斯、美国和加拿大之后,居世界第五位。

朝鲜
首都:平壤
面积:12.3万平方千米
人口:约2500万人
柳京饭店

韩国
首都:首尔
面积:10.329万平方千米
人口:约5100万人
乐天世界大厦

日本
首都:东京
面积:约37.8万平方千米
人口:约1.2396亿人
东京塔

越南
首都:河内
面积:约33万平方千米
人口:1.003亿人
下龙湾

菲律宾
首都:马尼拉
面积:29.97万平方千米
人口:1.17亿人
巧克力山

马来西亚
首都:吉隆坡
面积:约33万平方千米
人口:3370万人
双子塔

文莱
首都:斯里巴加湾市
面积:5765平方千米
人口:45万人
帝国酒店

印度尼西亚
首都:雅加达
面积:约191.4万平方千米
人口:2.81亿人
婆罗浮屠佛塔

注：本专题国家及人口数源来自外交部网站，截止时间为2025年1月。

▲ 中国海陆邻国分布示意图

我国陆地与14个国家接壤，按逆时针顺序依次为朝鲜、俄罗斯、蒙古、哈萨克斯坦、吉尔吉斯斯坦、塔吉克斯坦、阿富汗、巴基斯坦、印度、尼泊尔、不丹、缅甸、老挝、越南。目前，除与印度、不丹尚未签订边界条约外，我国已与12个陆地邻国划定并勘定约2万千米边界，解决了绝大部分定界问题。

蒙古
成吉思汗纪念馆
首都：乌兰巴托
面积：156.65 万平方千米
人口：350 万人

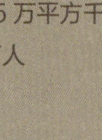

俄罗斯
克里姆林宫
首都：莫斯科
面积：1709.82 万平方千米
人口：1.46 亿人

哈萨克斯坦
阿斯塔纳
首都：阿斯塔纳
面积：272.5 万平方千米
人口：2016 万人

吉尔吉斯斯坦
布拉纳塔
首都：比什凯克
面积：19.99 万平方千米
人口：720 万人

塔吉克斯坦
胡勒布克古城
首都：杜尚别
面积：14.31 万平方千米
人口：1036 万人

阿富汗
班达米尔湖
首都：喀布尔
面积：64.75 万平方千米
人口：约 3570 万人

巴基斯坦
克利夫顿海滩
首都：伊斯兰堡
面积：79.6 万平方千米
人口：2.4 亿人

印度
泰姬陵
首都：新德里
面积：约 298 万平方千米
人口：约 14.4 亿人

尼泊尔
杜巴广场
首都：加德满都
面积：约 14.7 万平方千米
人口：约 3059 万人

不丹
虎穴寺
首都：廷布
面积：约 3.8 万平方千米
人口：约 77.7 万人

缅甸
曼德勒皇宫
首都：内比都
面积：约 67.7 万平方千米
人口：5417 万人

老挝
凯旋门
首都：万象
面积：23.68 万平方千米
人口：约 750 万人

注：朝鲜和越南既是我国的海上邻国，也是我国的陆地邻国。

中国的版图变迁

随着人类社会的发展，各国版图范围会发生变化。当代中国版图就是伴随历史朝代的更替和各民族的交融与发展，逐步发展而成的。

秦

公元前221年，秦始皇建立了我国历史上第一个统一的多民族国家——秦朝。秦时期的版图东临东海，西到陇西，北至长城一带，南达南海，是当时世界上的大国之一。

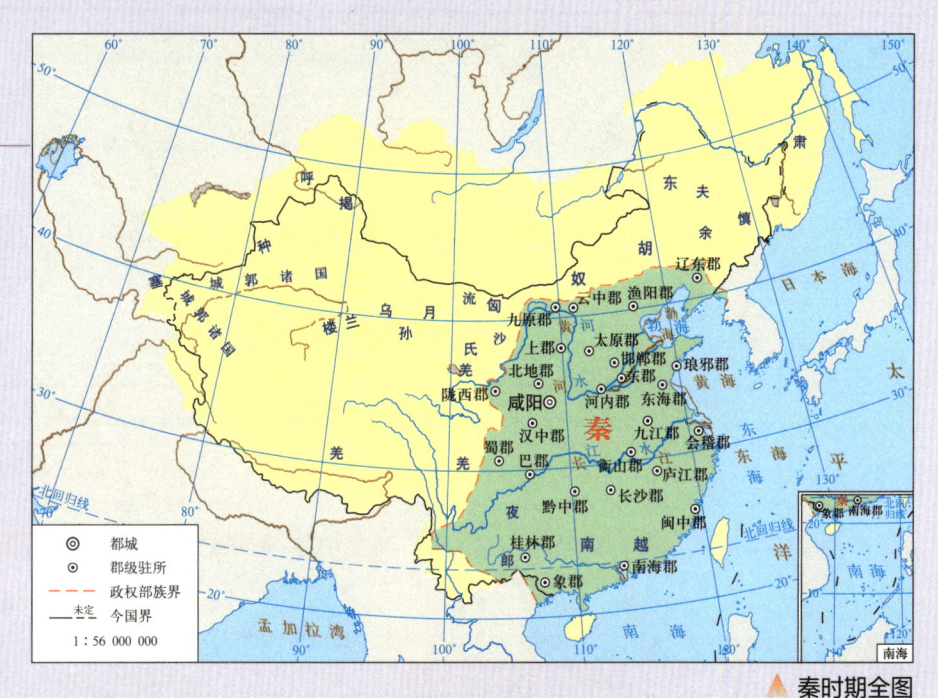

▲ 秦时期全图

西汉

公元前202年，刘邦建立汉朝，定都长安，史称西汉。与秦朝相比，西汉大大扩展了疆域，将河西走廊至西域的广大地区纳入版图。

▲ 西汉时期全图

▲ 公元612年隋疆域

▲ 公元714年唐形势

隋 唐

汉朝之后，由于中原混战、北方民族南下等原因，我国经历了300多年的分裂期，直到隋朝才重新统一，隋朝及其以后的唐朝都是我国疆域统一和扩展的时期。唐朝鼎盛时期的版图东到东海，西到咸海，南及南海，北至今俄罗斯的西伯利亚。

元

元朝结束了唐朝之后长达数百年的分裂局面，实现了我国封建时期的又一个大一统，并且使我国疆域空前辽阔。其疆域东、东南、东北到海，西至新疆以西，南达南海，西南包括西藏、云南，北面包括西伯利亚大部。元时期西藏和台湾已经是中国版图密不可分的部分。元朝是我国历史上版图最大的王朝，也是当时世界上面积最大的国家。

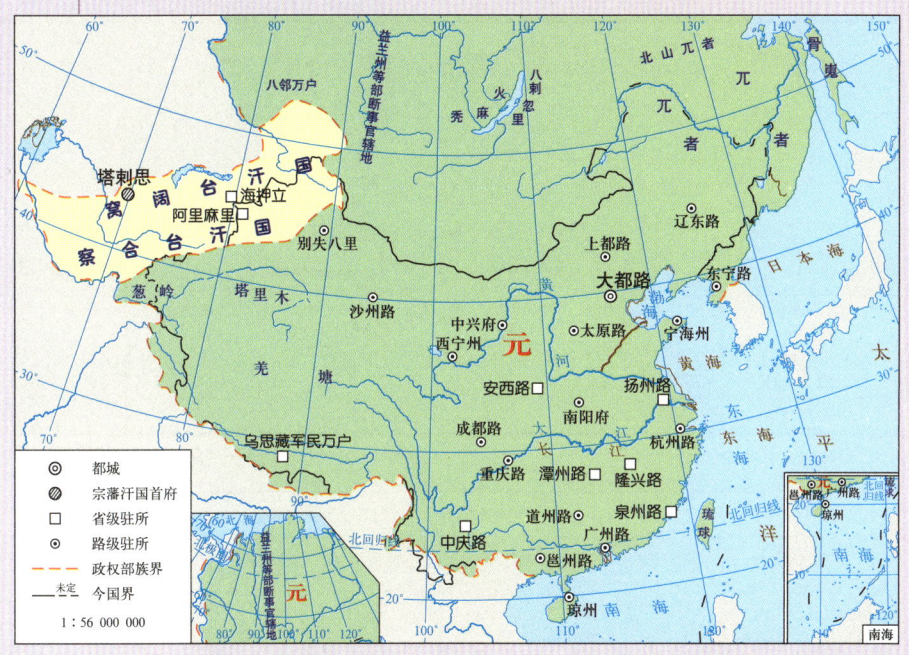

▲ 公元1280年元形势

明

与元朝相比，明朝疆域有所缩减。但明朝比较注重对海域的经营，对南海诸岛实行了有效的管理。其疆域东、南到海并包括南海诸岛，北到蒙古北部，东北到外兴安岭，西北到新疆哈密，西南则包括云南和西藏。

▲ 公元1433年明朝形势

37

清

到了清朝鼎盛时期，中国的疆域十分辽阔，西跨葱岭，西北达巴尔喀什湖，北接西伯利亚，东北到达外兴安岭和库页岛，东临太平洋，东南到台湾及其附属岛屿钓鱼岛、赤尾屿等，南及南沙群岛的曾母暗沙，西南抵喜马拉雅山脉。清朝是当时亚洲最大的国家，也奠定了今天中国版图的基础。

▲ 公元1820年清朝疆域图

中华人民共和国

1949年10月1日，中华人民共和国成立。中国从此翻开了崭新的一页。1997年7月1日和1999年12月20日，中国分别对香港和澳门恢复行使主权。

▲ 中国政区图

中国版图

3

在地图上的正确表达

中国版图在地图上的正确表示

地图上如何正确表示中国国界线

地图上的国界表示了国家版图范围，表明了一个国家的主权意志和外交立场，国界表示错误或处理不当会产生严重的政治后果。因此，在地图上表示国界是一件非常严肃的事情，不能随意绘制。

用地图表示中国版图主要有两种形式：一种是包括南海诸岛在内，把中国疆域作为一个整体来表示的中国地图；另一种是把南海诸岛作为附图表示的中国地图。

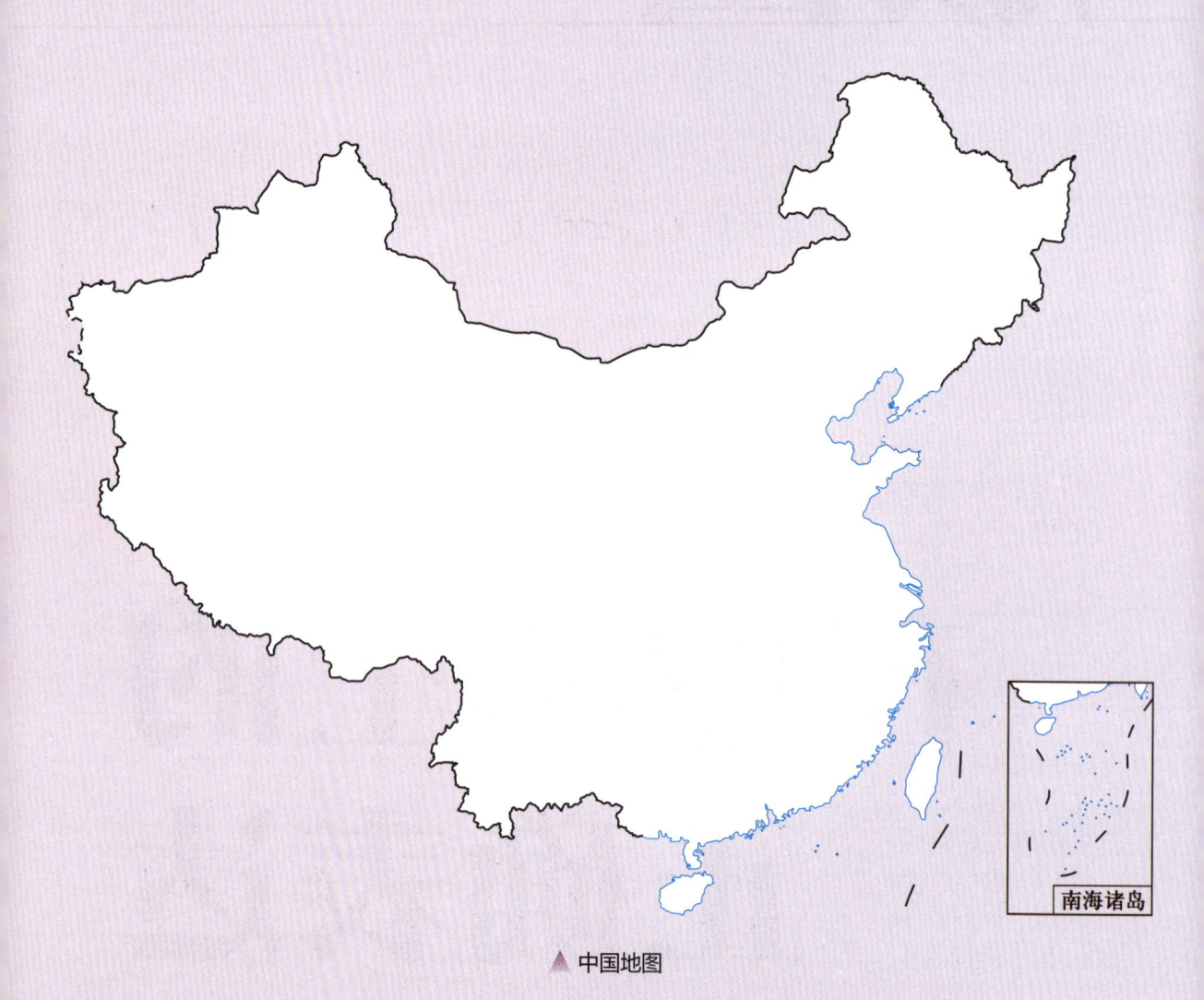

▲ 中国地图

▲ 中国地图

《地图管理条例》第十条规定

在地图上绘制中华人民共和国国界、中国历史疆界、世界各国间边界、世界各国间历史疆界，应当遵守下列规定：

（一）中华人民共和国国界，按照中国国界线画法标准样图绘制；

（二）中国历史疆界，依据有关历史资料，按照实际历史疆界绘制；

（三）世界各国间边界，按照世界各国国界线画法参考样图绘制；

（四）世界各国间历史疆界，依据有关历史资料，按照实际历史疆界绘制。

中国国界线画法标准样图、世界各国国界线画法参考样图，由外交部和国务院测绘地理信息行政主管部门拟订，报国务院批准后公布。

地图上如何正确表示省级行政区界线

各省级行政区之间由省级界分隔。省级界表示了我国 34 个省级行政区各自的管辖范围。各省级行政区之间，有的以河为界，有的以山脉为界，还有的以道路、长城等为界，更多的则是以双方历史管辖的习惯范围为界。

▲ 中国政区图

《地图管理条例》第十一条规定

在地图上绘制我国县级以上行政区域界线或者范围，应当符合行政区域界线标准画法图、国务院批准公布的特别行政区行政区域图和国家其他有关规定。

行政区域界线标准画法图由国务院民政部门和国务院测绘地理信息行政主管部门拟订，报国务院批准后公布。

以山河为界的中国省级行政区

1 陕西和山西
界线是黄河

2 山西和河北
界线是太行山

3 新疆和西藏
界线是昆仑山

4 江西和福建
界线是武夷山

5 湖北和重庆
界线是巫山

6 湖北和江西
界线是长江

7 青海和甘肃
界线是祁连山

8 四川和西藏
界线是金沙江

43

地图上绘制中国地图的要点

绘制中国地图要注意准确反映中国的领土范围,东边绘出黑龙江与乌苏里江交汇处,西边绘出喷赤河南北流向的河段,北边绘出黑龙江最北江段,南边绘出曾母暗沙(汉朝以前的历史地图除外)。

中国全图必须表示南海诸岛、钓鱼岛及其附属岛屿等重要岛屿。

正确表示中国国界线与地形、地物、经纬线等要素之间的关系,正确标注国界线附近的地理名称。

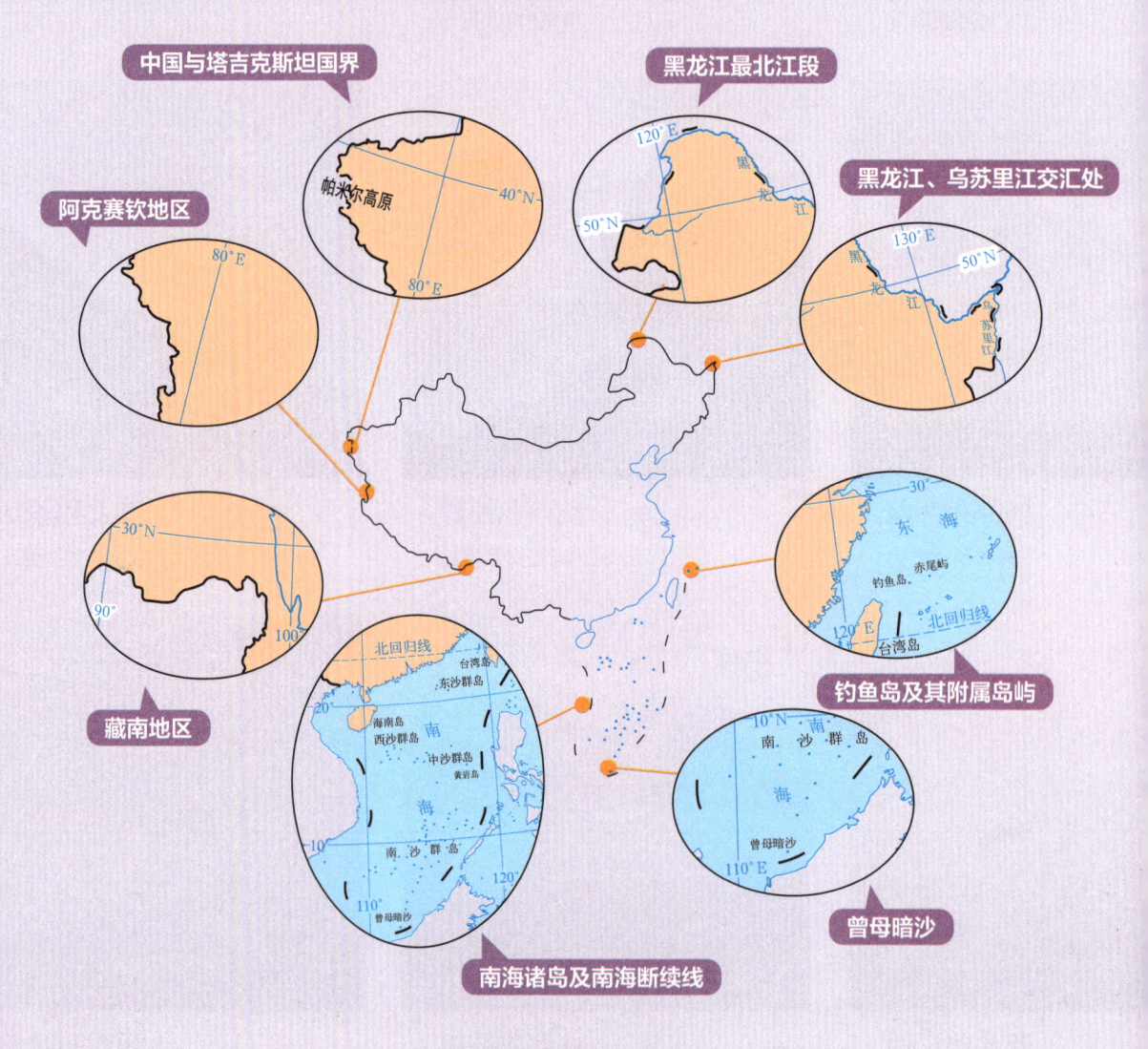

▲ 绘制中国地图的要点

地图上如何正确表示台湾

台湾省是中国的一个省，在地图上表示台湾应注意：

❶ 台湾在地图上应按省级行政区表示，"台湾"两字不能用国名字体。台北市作为省级行政中心表示，不能用首都符号。在分省设色的地图上，台湾省要单独设色。

❷ 台湾省地图必须绘出钓鱼岛和赤尾屿（以"台湾岛"命名的地图除外）。钓鱼岛和赤尾屿既可以包括在台湾省全图中，也可以用台湾本岛与钓鱼岛、赤尾屿的地理关系作插图反映。

❸ 表示了邻区内容的台湾省地图，应当正确反映台湾岛与大陆之间的地理关系或配置相应的插图。

❹ 专题地图上，台湾省应与中国大陆一样表示相应的专题内容。台湾省的资料不具备时，必须在地图的适当位置注明"台湾省资料暂缺"的字样。

❺ 台湾省的文字说明中，必须对台湾岛、澎湖列岛、钓鱼岛、赤尾屿、彭佳屿、兰屿、绿岛（火烧岛）等内容作重点说明。

▲ 台湾省简图

地图上如何正确表示香港和澳门

国务院于 1997 年和 1999 年先后公布了《中华人民共和国香港特别行政区行政区域图》和《中华人民共和国澳门特别行政区行政区域图》。

在地图上表示香港、澳门应注意：

1 香港特别行政区、澳门特别行政区在地图上应当按省级行政区表示。在表示省级行政中心时，香港、澳门与省级行政中心等级相同。

2 香港特别行政区、澳门特别行政区图面注记应注全称"香港特别行政区""澳门特别行政区"；比例尺等于或小于 1∶6000000 的地图上可简注"香港""澳门"。

3 香港城市地图图名应称"香港岛·九龙"；澳门城市地图图名应称"澳门半岛"。

4 在分省设色的地图上，香港、澳门界内的陆地部分单独设色。比例尺过小时，可在香港、澳门符号内设色。

5 专题地图上，香港特别行政区、澳门特别行政区应当与内地一样表示相应的专题内容。资料不具备时，可在地图的适当位置注明"香港特别行政区、澳门特别行政区资料暂缺"的字样。

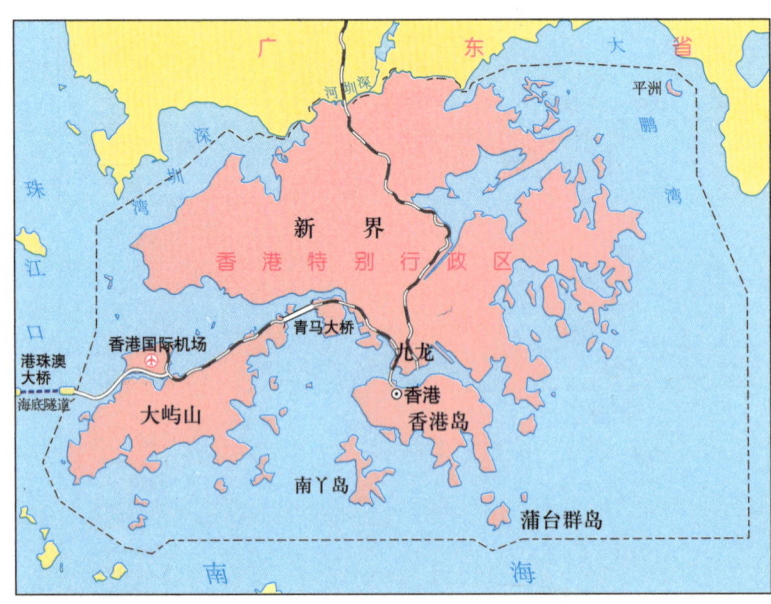

▲ 香港特别行政区简图

▲ 澳门特别行政区简图

① 注：由澳门特别行政区实施管辖

46

地图上如何正确表示钓鱼岛及其附属岛屿

中国地图上必须表示钓鱼岛、赤尾屿等岛屿。

2012年3月、9月中国先后公布钓鱼岛及其附属岛屿标准名称、领海基线，钓鱼岛及其部分附属岛屿地理坐标，钓鱼岛等岛屿及其周边海域部分地理实体的标准名称及位置示意图。

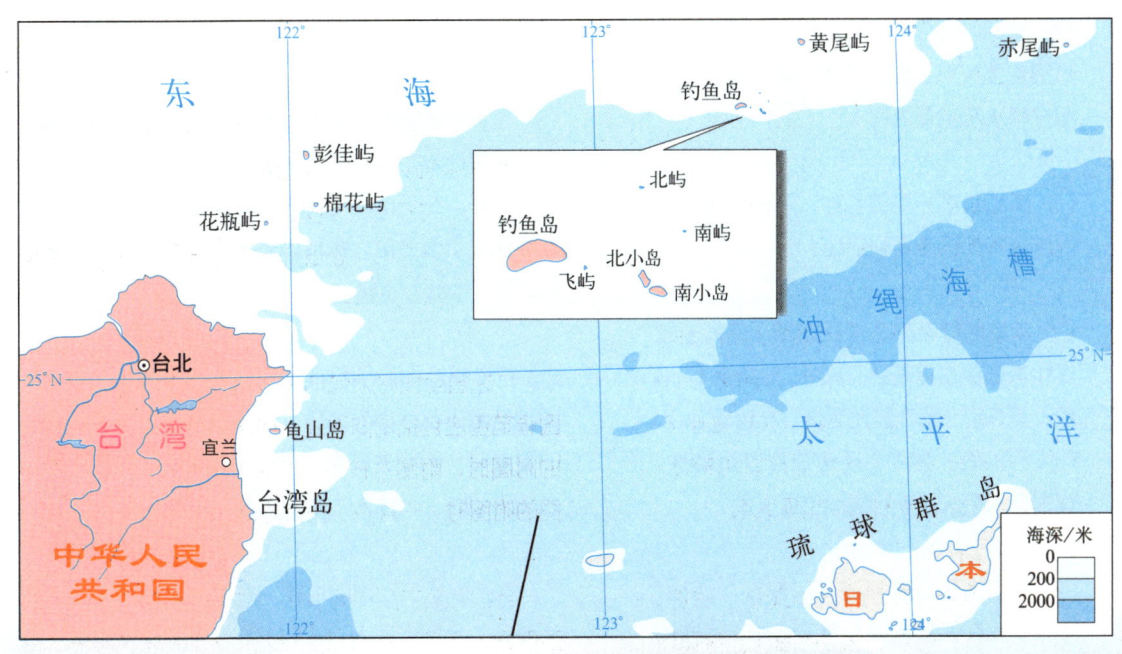

▲ 钓鱼岛及其附属岛屿位置示意图

▲ 钓鱼岛

地图上如何正确表示南海诸岛

在地图上表示南海诸岛应注意：

1 中国全图应包括南海诸岛。南海诸岛既可以在主图内，也可以作附图。出全海南岛的中国区域地图，也须完整表示南海诸岛。

3 南海诸岛作附图，正图重复出现时，附图也要重复出现，不得省略，必须与正图一样表示相关内容。

5 南海诸岛的岛礁名称，需按照国务院批准公布的标准名称标注。

6 南海断续线用9段线表示，南海断续线中有弧线也有直线，其中，左起第1—4段、第6段、第8段为弧线，左起第5、7、9段为直线。另外，还应注意曾母暗沙、黄岩岛和相应的断续线的位置关系。

8 南海诸岛地图应当表示东沙、西沙、中沙、南沙四群岛以及曾母暗沙、黄岩岛等岛屿、岛礁。比例尺大于1:4000000的地图，黄岩岛应括注"民主礁"，即：黄岩岛（民主礁）。

10 在表示了三亚市的中国全图、海南省全图或者其他包含西沙永兴岛的地图上，应当表示三沙市人民政府驻地。

2 南海诸岛附图的四至范围：北面绘出中国大陆和台湾岛北回归线以南的部分，东面绘出马尼拉，南面绘出加里曼丹岛上印度尼西亚与马来西亚间的全部国界线（对于不表示邻国间界线的地图，南面绘出曾母暗沙和加里曼丹岛上马来西亚的海岸线），西面绘到河内。

4 南海诸岛与大陆同时表示时，中国国名注在大陆上，南海诸岛范围内不注国名，岛屿名称不括注"中国"字样。在不出现中国大陆的南海诸岛局部地图上且需要表示国名时，各群岛和曾母暗沙、黄岩岛等名称括注"中国"字样。

7 广东省全图必须包括东沙群岛。海南省全图，其图幅范围应包括南海诸岛。南海诸岛作为海南省地图的附图时，附图名称为"海南省全图"；作为中国全图的附图时，一律为"南海诸岛"。

9 完整表示三沙市的地图，应当表示西沙群岛、中沙群岛（含黄岩岛）、南沙群岛的岛礁及其海域；西沙群岛、中沙群岛、南沙群岛中以真形表示的岛屿，应当统一按三沙市设色。

▲ 中国三沙群岛

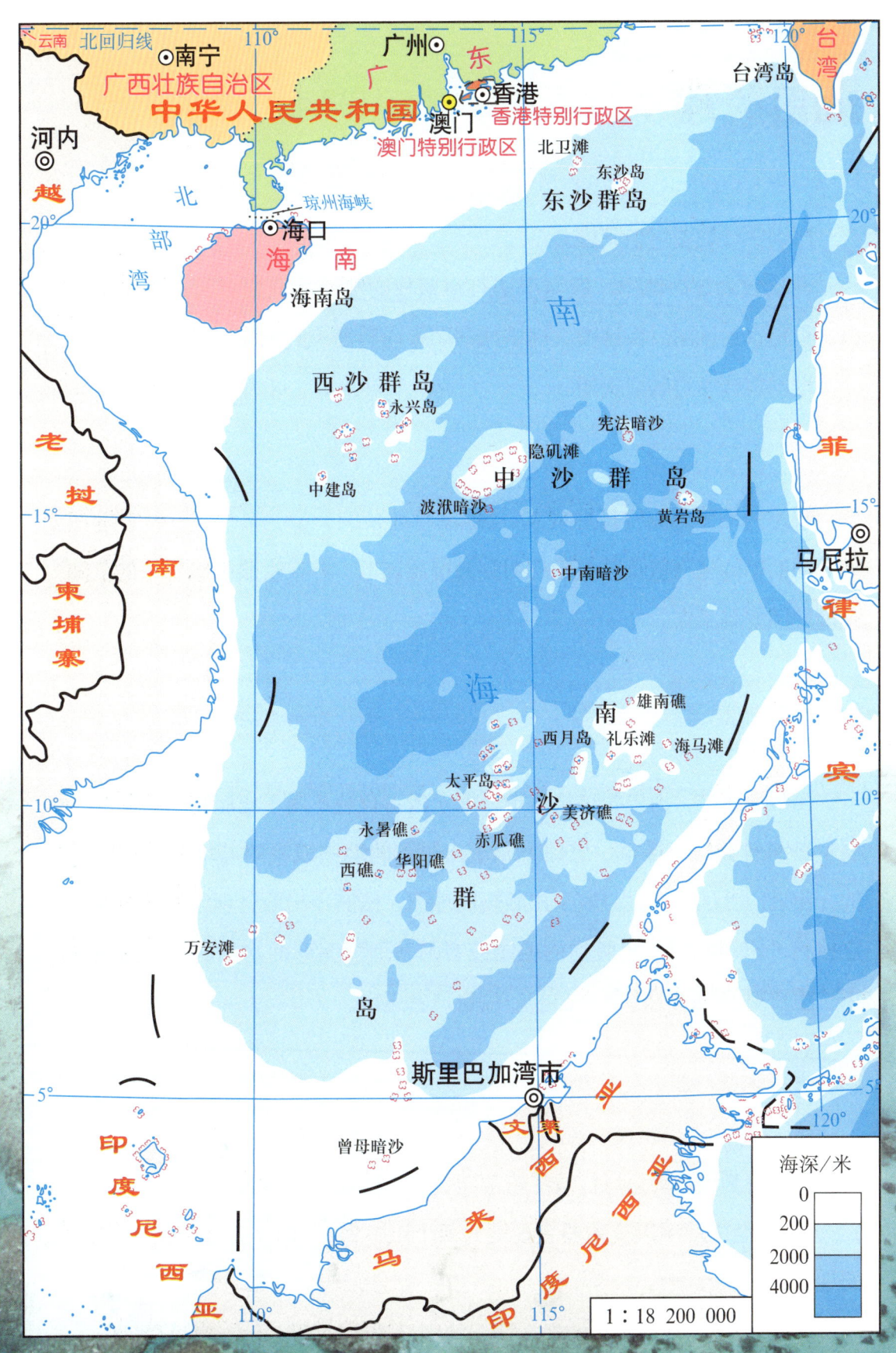

▲ 南海诸岛示意图

地图管理

《地图管理条例》第十五条规定

国家实行地图审核制度。

向社会公开的地图，应当报送有审核权的测绘地理信息行政主管部门审核。但是，景区图、街区图、地铁线路图等内容简单的地图除外。

地图审核不得收取费用。

地图编制准入管理

我国的地图编制实行准入制。《地图管理条例》第七条规定：从事地图编制活动的单位应当依法取得相应的测绘资质证书，并在资质等级许可的范围内开展地图编制工作。

谁负责送审地图

《地图管理条例》第十六条规定

出版地图的，由出版单位送审；展示或者登载不属于出版物的地图的，由展示者或者登载者送审；进口不属于出版物的地图或者附着地图图形的产品的，由进口者送审；进口属于出版物的地图，依照《出版管理条例》的有关规定执行；出口不属于出版物的地图或者附着地图图形的产品的，由出口者送审；生产附着地图图形的产品的，由生产者送审。

谁负责审核地图

《地图管理条例》第十七条规定

国务院测绘地理信息行政主管部门负责下列地图的审核：

（一）全国地图以及主要表现地为两个以上省、自治区、直辖市行政区域的地图；

（二）香港特别行政区地图、澳门特别行政区地图以及台湾地区地图；

（三）世界地图以及主要表现地为国外的地图；

（四）历史地图。

《地图管理条例》第十八条规定

省、自治区、直辖市人民政府测绘地理信息行政主管部门负责审核主要表现地在本行政区域范围内的地图。其中，主要表现地在设区的市行政区域范围内不涉及国界线的地图，由设区的市级人民政府测绘地理信息行政主管部门负责审核。

《地图管理条例》第二十条规定

涉及专业内容的地图，应当依照国务院测绘地理信息行政主管部门会同有关部门制定的审核依据进行审核。没有明确审核依据的，由有审核权的测绘地理信息行政主管部门征求有关部门的意见，有关部门应当自收到征求意见材料之日起20个工作日内提出意见。征求意见时间不计算在地图审核的期限内。

世界地图、历史地图、时事宣传地图没有明确审核依据的，由国务院测绘地理信息行政主管部门商外交部进行审核。

《地图管理条例》第二十三条规定

全国性中小学教学地图，由国务院教育行政部门会同国务院测绘地理信息行政主管部门、外交部组织审定；地方性中小学教学地图，由省、自治区、直辖市人民政府教育行政部门会同省、自治区、直辖市人民政府测绘地理信息行政主管部门组织审定。

地图审核时间

《地图管理条例》第十九条规定

有审核权的测绘地理信息行政主管部门应当自受理地图审核申请之日起20个工作日内，作出审核决定。

时事宣传地图、时效性要求较高的图书和报刊等插附地图的，应当自受理地图审核申请之日起7个工作日内，作出审核决定。

应急保障等特殊情况需要使用地图的，应当即送即审。

桂林山水

中国的
山水林田
湖草沙海

4

中国的山

中国是一个多山的国家，纵横交错的山脉分布在中国大地上。如果把中国比作一条巨龙，拔地而起的山脉就相当于巨龙的骨架，构成了中国大地高低起伏的基本格局。

为何说中国是多山的国家？中国的地形多种多样，有宽阔平坦、起伏较小的平原，如东北平原；有四周高、中间低的盆地，如四川盆地；有高高隆起、地势平坦的高原，如内蒙古高原；有起伏不大的低山丘陵，如辽东丘陵；有拔地而起、起伏较大的山地，如太行山脉。其中丘陵、崎岖的高原和山地统称为山区。

中国主要山脉分布图

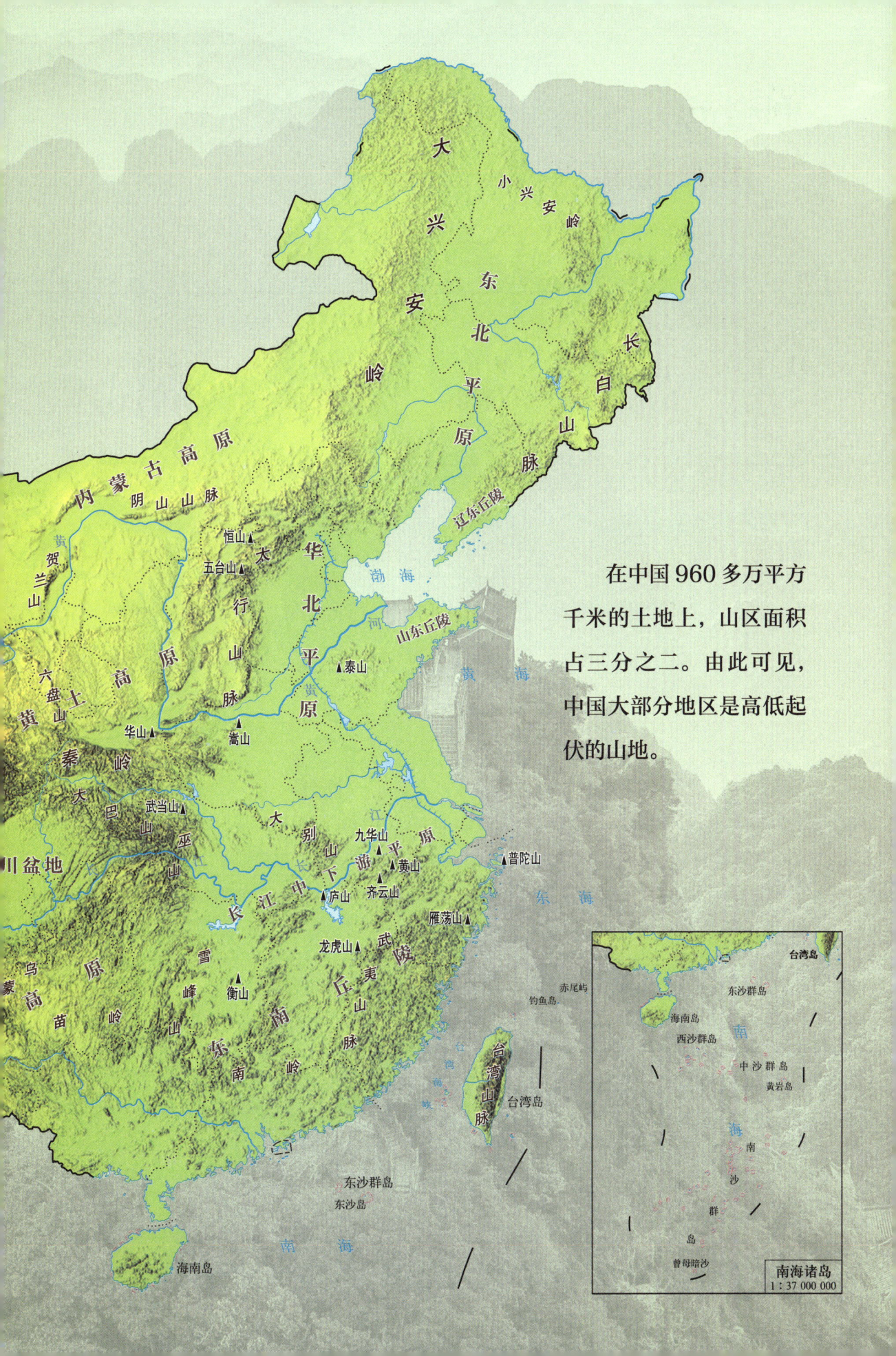

在中国960多万平方千米的土地上，山区面积占三分之二。由此可见，中国大部分地区是高低起伏的山地。

中国名山

中国的名山有很多，每座山都有自己的特点。

四大佛教名山
- 山西 五台山
- 四川 峨眉山
- 浙江 普陀山
- 安徽 九华山

四大道教名山
- 湖北 武当山
- 江西 龙虎山
- 安徽 齐云山
- 四川 青城山

"三山"
- 安徽 黄山
- 江西 庐山
- 浙江 雁荡山

"五岳"
- 东岳 泰山
- 西岳 华山
- 南岳 衡山
- 北岳 恒山
- 中岳 嵩山

武当山

武当山山势险峻奇特，有"自古无双胜境，天下第一仙山"的美誉，主峰天柱峰海拔1612米，屹立于群峰之巅。

鸣沙山

在中国有一座很特别的山，其因为能发出声音而闻名，它就是鸣沙山。鸣沙山位于甘肃省敦煌市，是由沙子堆积而成的，《敦煌录》中记载鸣沙山"盛夏自鸣，人马践之，声震数十里"。

火焰山

火焰山位于新疆吐鲁番盆地，属于天山山脉的余脉。其实火焰山并没有火，它被称为火焰山是因为山体由红色的砂岩组成，且当地环境炎热干燥，风力作用明显，山体表面有一些受风蚀而形成的微沟，看起来像燃烧的火焰，故当地人称其为"火焰山"。

莫干山

中国既有"火焰山"，也有"清凉山"——莫干山。莫干山位于浙江省德清县西北，素有"清凉世界"的美誉。莫干山林海茫茫，遮天蔽日，凉爽宜人，是中国四大避暑名山之一。

中国的水

在中国 960 多万平方千米的土地上，分布着众多的河、湖、冰川等。据统计，全国流域面积在 50 平方千米及以上的河流约有 4.5 万条，总长度约 150.85 万千米。其中，长江、黄河、珠江、松花江、淮河、海河、辽河是中国七大河流，总流域面积为 420 多万平方千米，接近中国国土面积的一半。

中国七大河流

| 长江 | 黄河 | 珠江 | 松花江 | 淮河 | 海河 | 辽河 |

长江发源于青藏高原的唐古拉山脉各拉丹冬峰，流经青海、西藏、四川、云南、重庆、湖北、湖南、江西、安徽、江苏等省级行政区，最终在上海市注入东海，全长6363千米，其长度排在非洲的尼罗河和南美洲的亚马孙河之后，位居世界第三，流域面积达178.3万平方千米。

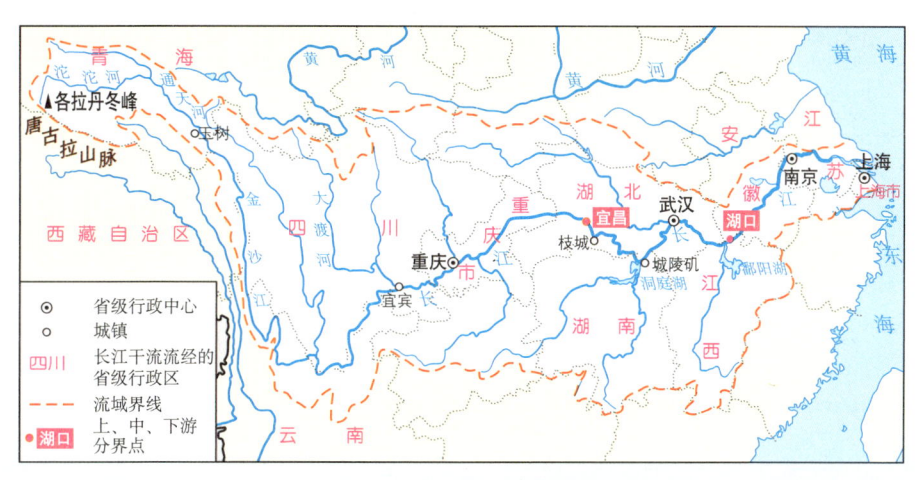

▲ 长江干流流经的省级行政区示意图

▲ 长江

59

黄河是中国的第二长河，全长5464千米，流域面积达75.2万平方千米。虽然黄河平均年径流量在中国大河中排名靠后，但其含沙量是最大的，堪称中国河流界的"沙王"。

▲ 黄河干流流经的省级行政区示意图

▲ 黄河

雅鲁藏布江发源于喜马拉雅山脉北麓的杰马央宗冰川，它自西向东贯穿西藏南部地区后，在喜马拉雅山脉东端突然来了一个大拐弯，绕过南迦巴瓦峰，最终浩浩荡荡地流进了印度洋。

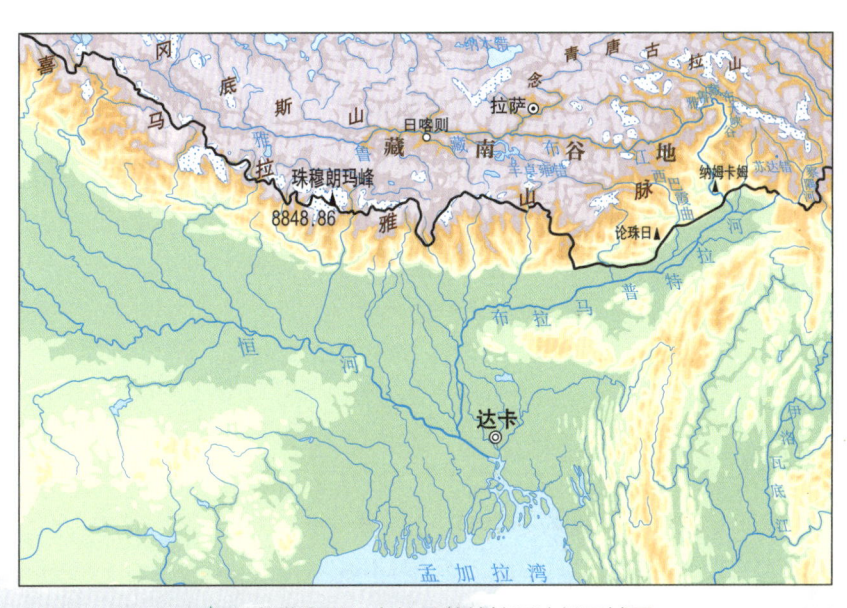

▲ 雅鲁藏布江—布拉马普特拉河流经区域图

▲ 雅鲁藏布江

塔里木河位于新疆塔里木盆地北部，由源出天山山脉和昆仑山脉等的河流交汇而成。它沿塔克拉玛干沙漠北缘，穿过阿克苏、沙雅、轮台等县（市）的南部，最后流入台特马湖。从叶尔羌河源起算，塔里木河全长2421千米。塔里木河虽然流程较长，但因地处中国最干旱的盆地内部，距海遥远，所以最终没能流入海洋。塔里木河是中国内流河中的第一长河，可谓中国的"内陆河王"。

内流河：也称"内陆河"，指不能流入海洋的河流。内流河大多分布于大陆内部的干燥地区，以上游降水或冰雪融水为主要补给水源，中、下游因降水稀少，蒸发量大，中途消失于沙漠或注入内陆湖泊。

外流河：指直接或间接流入海洋的河流。

▲ 塔里木河

▲ 塔里木河流域示意图

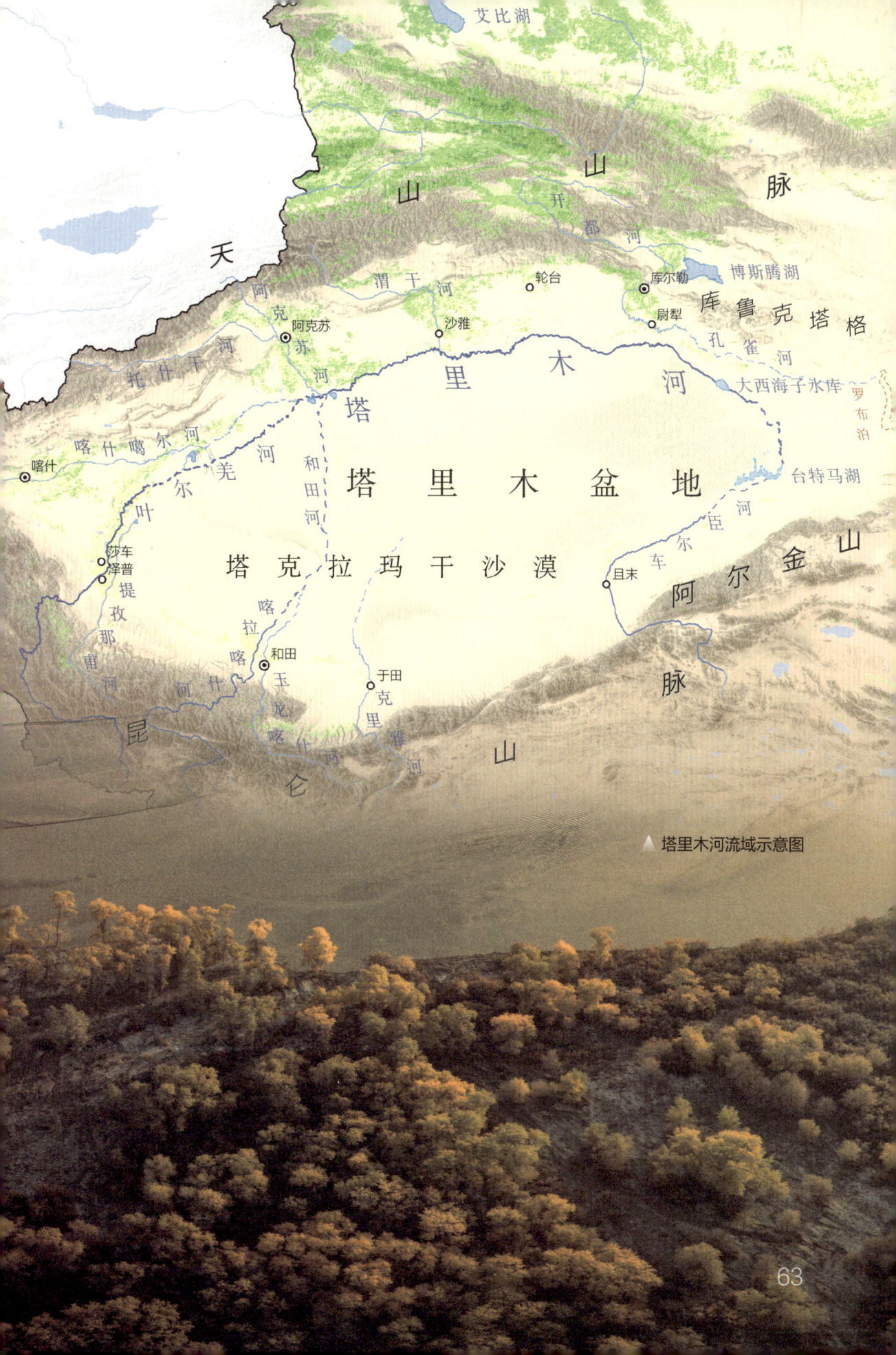

中国的林

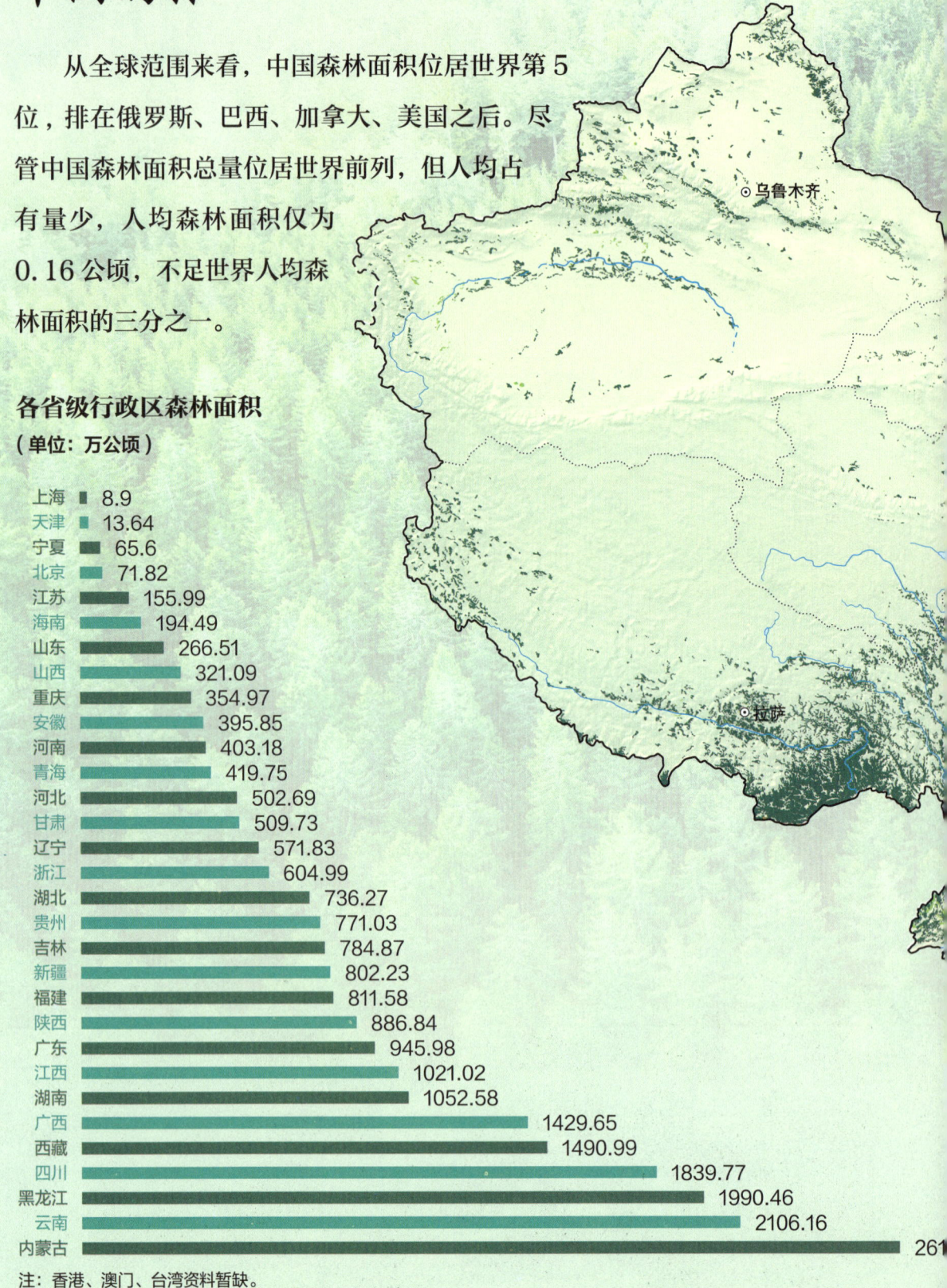

从全球范围来看，中国森林面积位居世界第5位，排在俄罗斯、巴西、加拿大、美国之后。尽管中国森林面积总量位居世界前列，但人均占有量少，人均森林面积仅为0.16公顷，不足世界人均森林面积的三分之一。

各省级行政区森林面积
（单位：万公顷）

省级行政区	森林面积
上海	8.9
天津	13.64
宁夏	65.6
北京	71.82
江苏	155.99
海南	194.49
山东	266.51
山西	321.09
重庆	354.97
安徽	395.85
河南	403.18
青海	419.75
河北	502.69
甘肃	509.73
辽宁	571.83
浙江	604.99
湖北	736.27
贵州	771.03
吉林	784.87
新疆	802.23
福建	811.58
陕西	886.84
广东	945.98
江西	1021.02
湖南	1052.58
广西	1429.65
西藏	1490.99
四川	1839.77
黑龙江	1990.46
云南	2106.16
内蒙古	261…

注：香港、澳门、台湾资料暂缺。

▲ 中国森林分布示意图

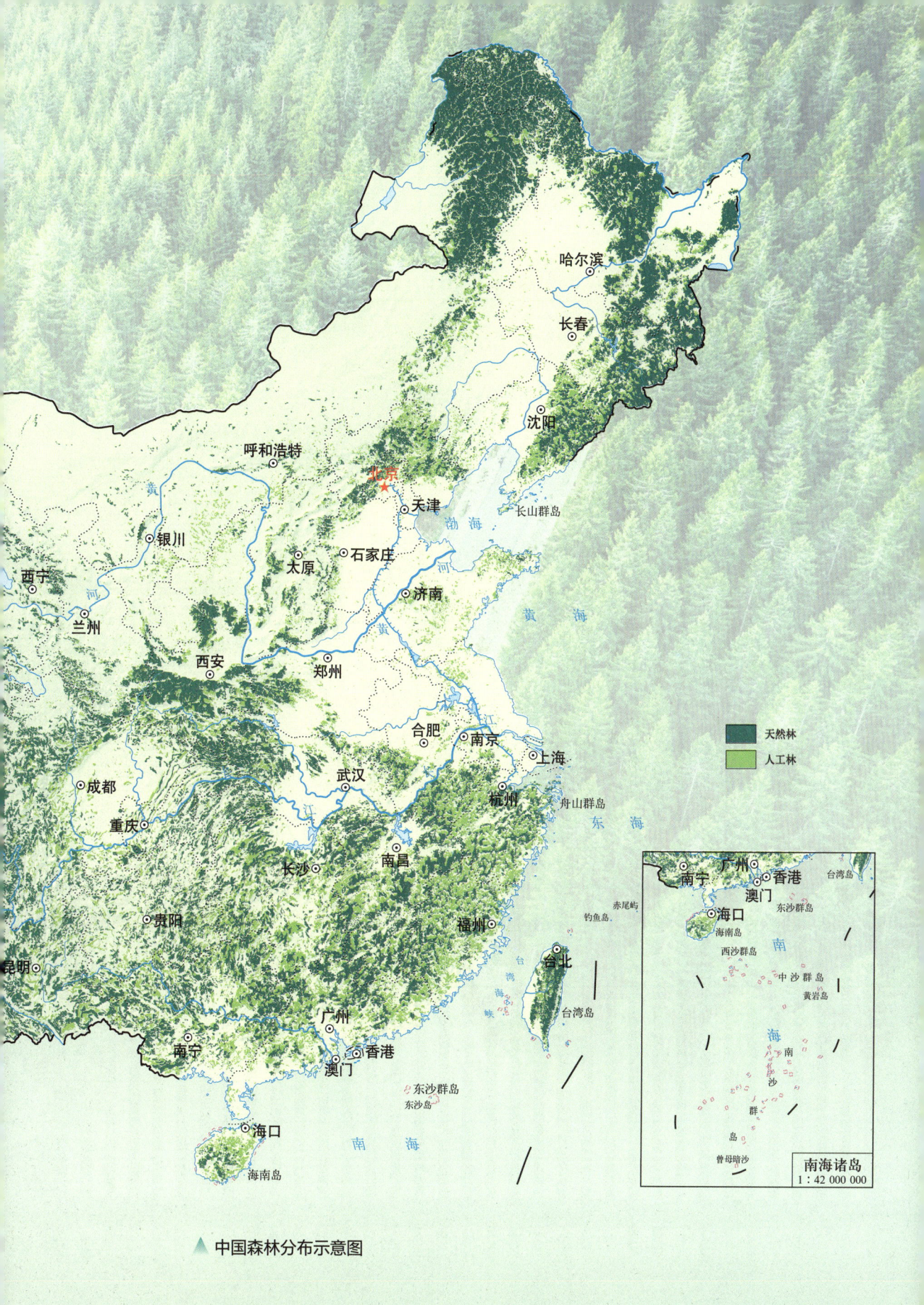

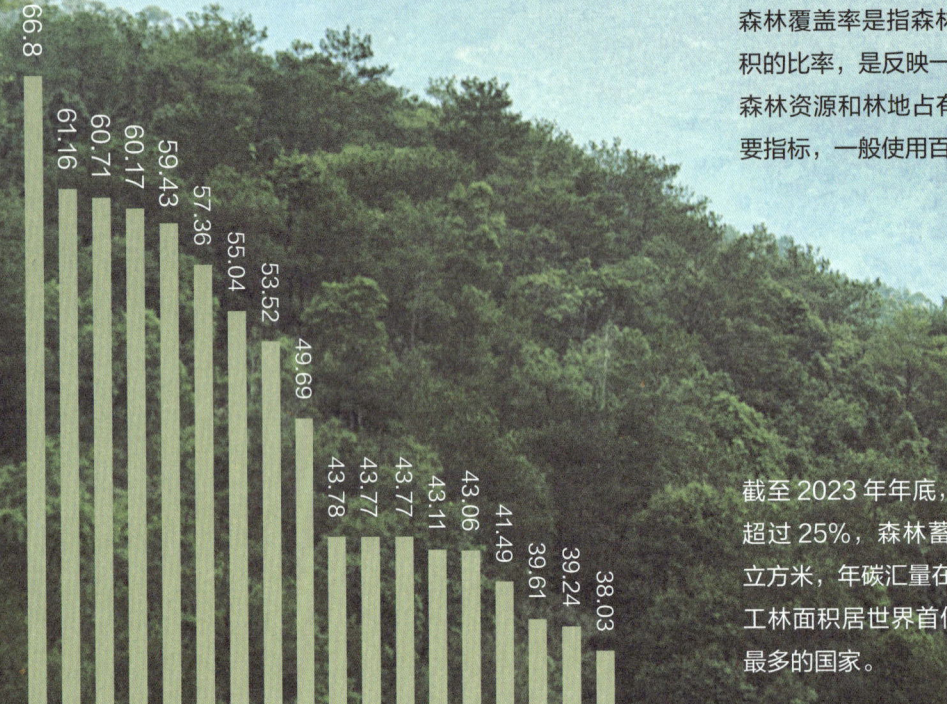

各省级行政区森林覆盖率
（单位：百分比）

森林覆盖率是指森林面积占土地总面积的比率，是反映一个国家（或地区）森林资源和林地占有的实际水平的重要指标，一般使用百分比表示。

截至2023年年底，中国森林覆盖率超过25%，森林蓄积量超过200亿立方米，年碳汇量在12亿吨以上，人工林面积居世界首位，成为全球增绿最多的国家。

省级行政区	森林覆盖率
福建	66.8
江西	61.16
台湾	60.71
广西	60.17
浙江	59.43
海南	57.36
云南	55.04
广东	53.52
湖南	49.69
黑龙江	43.78
贵州	43.77
北京	43.77
重庆	43.11
陕西	43.06
吉林	41.49
湖北	39.61
辽宁	39.24
四川	38.03
澳门	30
安徽	28.65
河北	26.78
香港	25.05
河南	24.14
内蒙古	22.1
山西	20.5
山东	17.51
江苏	15.2
上海	14.04
宁夏	12.63
西藏	12.14
天津	12.07
甘肃	11.33
青海	5.82
新疆	4.87

中国地域辽阔，生态环境复杂，由此造就了丰富多样的森林样貌，如庄严肃穆的针叶林、四季变换的落叶林、富饶多姿的常绿林、苍莽神秘的热带林，以及低矮茂密的灌木林等。它们各自散发着别样的魅力，令人神往。

针叶林

针叶林是指以针叶树为建群种的森林。针叶树多为常绿树种，仅落叶松、金钱松等为落叶树种。

落叶林

本书的落叶林指的是落叶阔叶林。落叶阔叶林的一大显著特点是具有显著的季相变化。春季时，落叶林从冬季的沉寂中逐渐苏醒过来，在光秃秃的树枝还没有长出嫩叶之前，林下的一些花草已经迫不及待地开出艳丽的花朵；夏季时，森林逐渐变得郁郁葱葱，万物欣欣向荣；秋季时，森林的树叶开始变色，有的红、有的黄，缤纷的秋叶成了森林中的一道美景；冬季时，森林褪去繁华，重归寂静，等待着又一年的春季到来。

常绿林

本书的常绿林指的是常绿阔叶林，包括典型的常绿阔叶林、常绿落叶阔叶混交林，以及硬叶常绿阔叶林。常绿林的重要特点之一是组成树种大多是常绿树种，具有质硬、革质、冬季不落的暗绿色叶片。常绿林终年生长，夏季尤其旺盛，尽管也存在季相变化，但从外貌上看变化不显著，给人留下四季常青的印象。

热带林

中国境内分布的非典型性热带雨林与赤道的热带雨林不同，但也有一些相似的特征，如普遍存在的老茎生花现象、附生现象、板根现象和绞杀现象。我国分布的非典型性热带雨林层次结构复杂，林间常有发达的藤蔓植物；树种极为丰富，并且存在亚洲热带雨林的表征植物——龙脑香科树种（如望天树、东京龙脑香、青梅和坡垒）等。

68

灌木林

灌木林的形态通常低矮茂密，建群树种无明显主干，是与乔木林相并列的一类植被类型。灌木林平均高度较低，约为1.5米。

红树林

红树林是一种独特的植被类型，生长在河流入海口的海滩上，被誉为"海岸卫士"和"海洋绿肺"。它在维护所在地区的生态系统平衡等方面发挥着重要作用，因此备受关注。

翠竹林

竹林在中国的分布是十分广泛的，大面积的竹林被称为"竹海"。在我国所有竹林中，毛竹林最具优势，面积达到467.78万公顷，占中国竹林总面积的72.96%。

中国的田

中国地域辽阔，南北跨纬度较大，地形起伏多变，南北气候差异也较大，植被类型多种多样，成土过程复杂，因而中国不同地区分布着不同类型的土壤。不同类型的土壤最直观的表现就是颜色不同，下面是我国主要的土壤类型分布图。

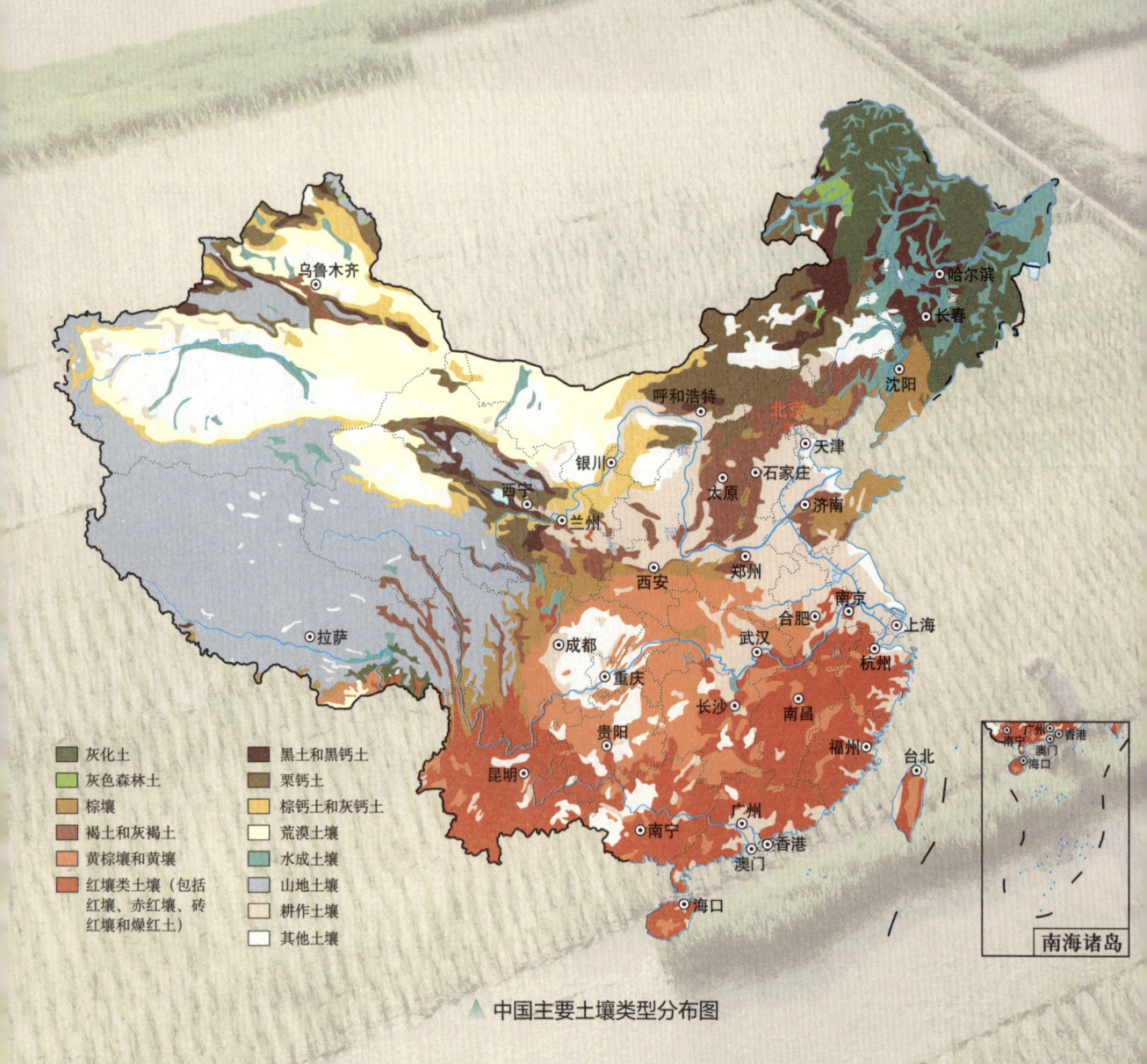

▲ 中国主要土壤类型分布图

- 以草地和荒漠为主。
- 光照充足，热量较为丰富，但干旱少雨，水源不足。
- 生产长绒棉、库尔勒香梨、阿克苏苹果、葡萄等。

- 以旱地为主。
- 雨热同期，土壤肥沃，平原广阔，耕地多，但水热条件相对较差。
- 盛产小麦、大豆、玉米、高粱等，是中国重要的粮食生产基地。

库尔勒香梨　长绒棉　阿克苏苹果　玉米　高粱　小麦　柑橘

西北地区　北方地区　青藏地区　秦岭　南方地区　南海诸岛

青稞　水稻

- 以草地、高寒荒漠为主，土地生产力较低。
- 光照充足，但热量不足。
- 生产青稞、油菜、土豆、豌豆。

豌豆　土豆

- 以水田为主。
- 雨热同期，土壤肥沃，多丘陵、山地，但水热资源丰富。
- 生产水稻、油菜、柑橘、香蕉、甘蔗、茶树等作物。

甘蔗

▲ 中国四大地理分区示意图

71

中国南、北方的种植作物和耕作方式差异较大，因此农田类型也有很大区别。北方地势较平坦，平原较多，田块大且布局整齐，灌渠纵横交错，农田多为旱地和水浇地；南方温暖湿润，河网密布，农田以水田为主。除常见的方方正正的农田外，我国还有很多特色农田，如梯田、圩田、垛田等。

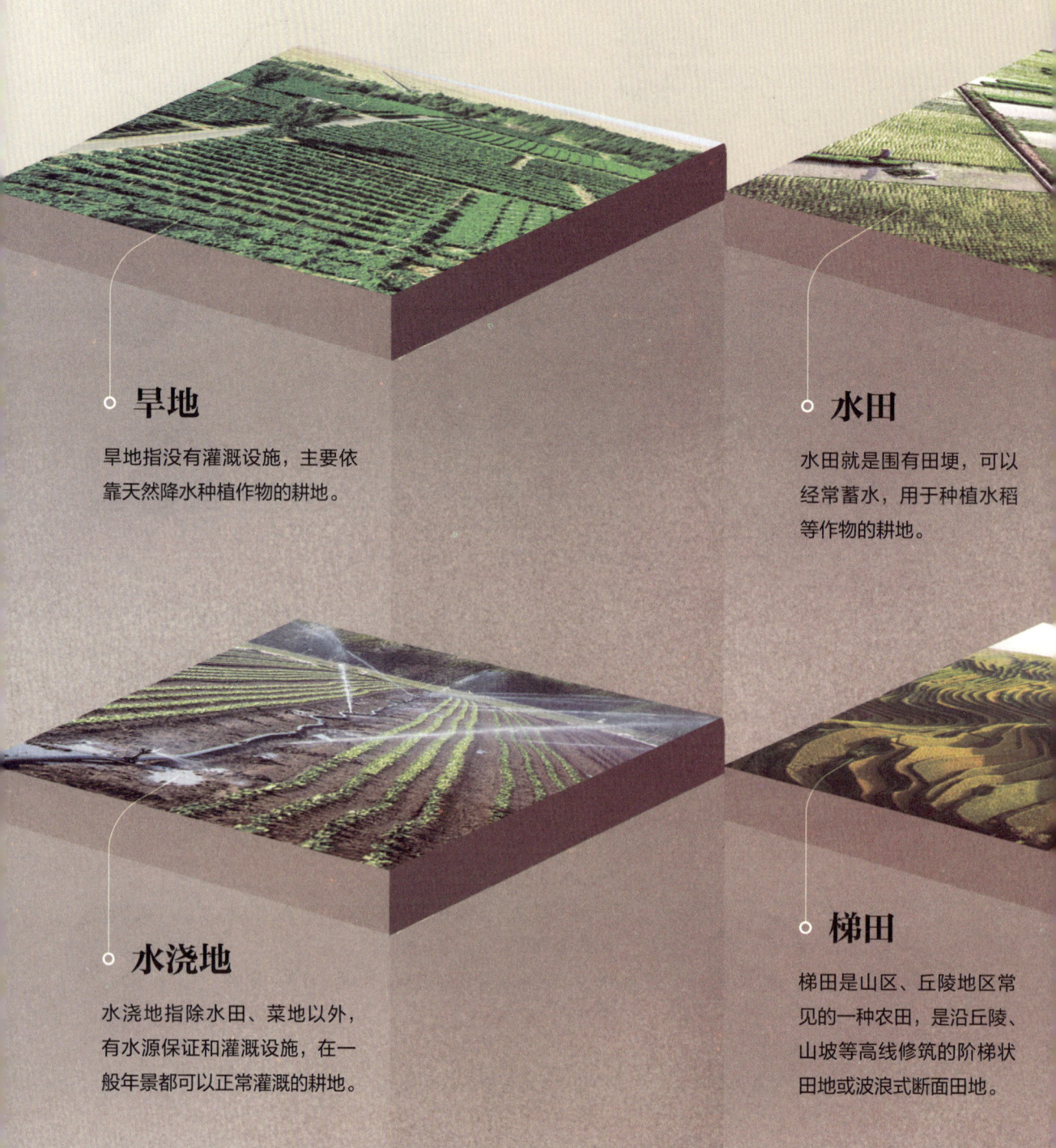

旱地

旱地指没有灌溉设施，主要依靠天然降水种植作物的耕地。

水田

水田就是围有田埂，可以经常蓄水，用于种植水稻等作物的耕地。

水浇地

水浇地指除水田、菜地以外，有水源保证和灌溉设施，在一般年景都可以正常灌溉的耕地。

梯田

梯田是山区、丘陵地区常见的一种农田，是沿丘陵、山坡等高线修筑的阶梯状田地或波浪式断面田地。

圩田

圩田指在江、河、湖泊周边低洼易涝地区通过筑堤围出来的农田。

垛田

垛田是指在中国南方沿湖低湿地区，人们用开挖网状深沟或小河的泥土堆积而成的垛状高田。

坝子农业

坝子农业主要分布于云贵高原的山间盆地。

中国的湖

中国湖泊众多，据《中国湖泊生态环境研究报告》，我国现有面积1平方千米以上的天然湖泊2670个，总面积8.07万平方千米。它们是散落在中国大地上的一颗颗明珠。

湖泊分类

湖泊按其成因可分为：

| 构造湖 | 火山口湖 | 海成湖 | 冰川湖 | 风成湖 | 堰塞湖 |

▲ 中国主要湖泊分布图

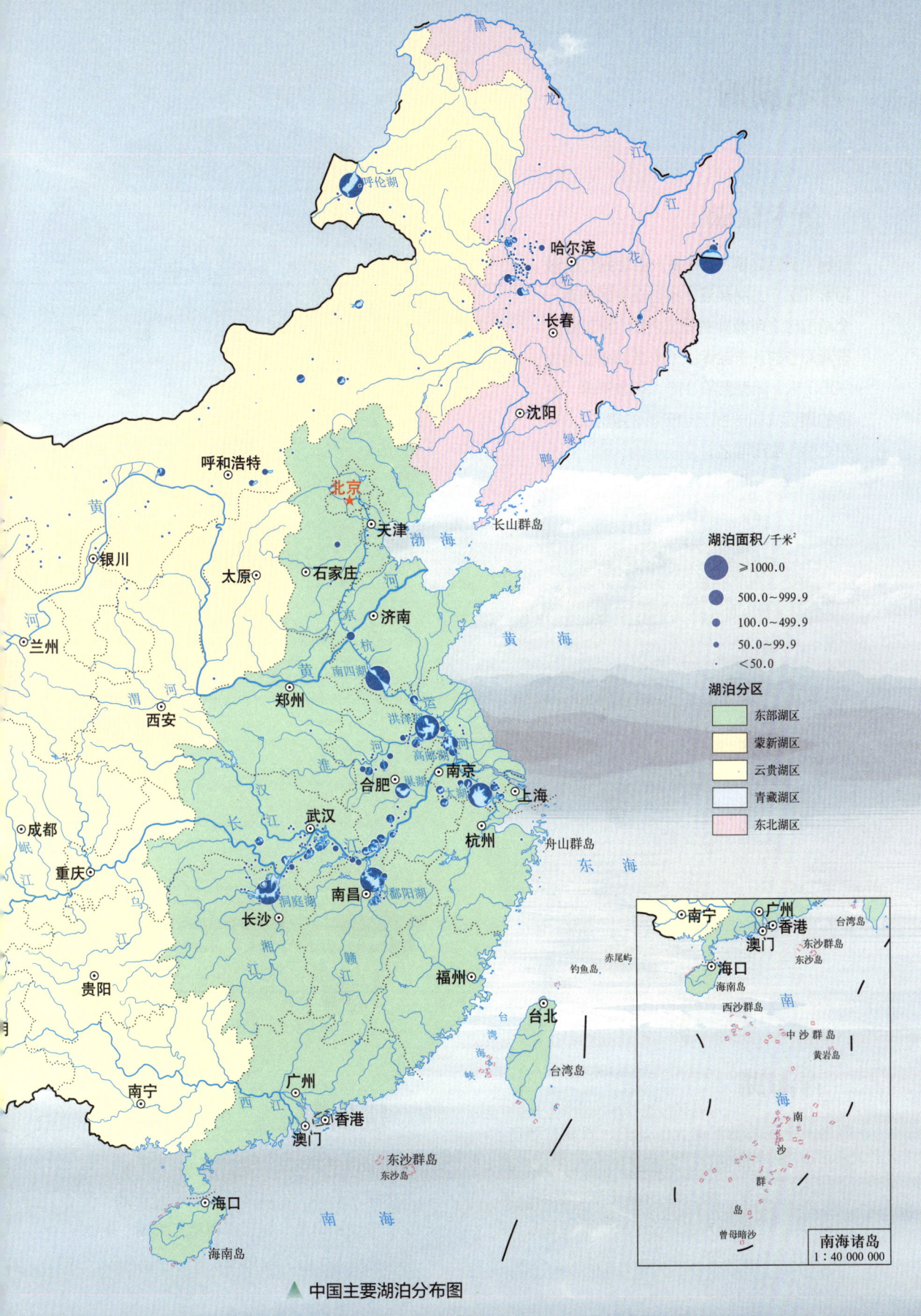

著名湖泊

○ 茶卡盐湖

提起"天空之镜",很多人会想到位于玻利维亚的乌尤尼盐沼。不过在中国也有一个湖泊与之有着异曲同工之妙,那就是位于青海省的茶卡盐湖。茶卡盐湖湖面海拔3060米,湖面面积116.1平方千米,平静的湖面犹如一面无边无际的镜子,"天空之镜"由此得名。

○ 青海湖

青海湖是我国面积最大的湖泊。湖面东西宽、南北窄,略呈椭圆形。东西最长106千米,南北最宽63千米,周长约360千米。湖面海拔3196米。湖水最大水深26米,平均深度16米。湖水含氧量极低,浮游生物十分稀少。

○ 抚仙湖

抚仙湖位于云南省,湖面海拔1721米,最大水深155米,水域面积212平方千米,仅次于滇池和洱海,为云南省第三大湖。抚仙湖蓄水量大,达189亿立方米。

▲ 青藏高原湖泊群简图

青藏高原湖泊广布，其中，面积超过1平方千米的湖泊数量超过1400个，总面积超过5万平方千米，占我国湖泊总面积的一半以上。它们构成了地球上海拔最高、数量最多、面积最大的高原湖群，是"亚洲水塔"的重要组成部分。正是这些星罗棋布的湖泊，使这高寒之地孕育了生命，焕发了生机。

鄱阳湖

鄱阳湖位于江西省北部、长江南岸，是我国第一大淡水湖，有蓄洪、滞洪、灌溉、航运等作用。湖面海拔21.69米，最大水深29.19米。贮水量149.6亿立方米。

艾丁湖

艾丁湖，以湖水晶莹洁白，似月光一般皎洁而得名。它位于新疆维吾尔自治区吐鲁番市高昌区，是吐鲁番盆地的最低处，也是中国陆地的最低点。其湖面比海平面低154.31米。

77

中国的草

　　我国草原是世界上最大的草原——欧亚大草原的重要组成部分，独特的地质条件和复杂的水热环境等造就了干旱的典型草原、湿润的草甸草原、极干的荒漠草原，以及独特的高寒草原等。每种草原都有各自的特点和功能，值得我们去一探究竟。

　　我国是草原大国，约 40% 的国土面积为草原，草原面积仅次于澳大利亚，居世界第二位。我国的草原虽面积很大，但分布不均匀。东北、西北和青藏高原地区是我国草原的主要分布区，南方地区则以草山草坡为主，它们共同形成了北方温带草原、青藏高寒草原、南方草山草坡的基本格局。

中国草地分布示意图

中国典型草原

我国是草原大国，草原类型丰富，世界上各种草原类型在我国几乎都有分布。

草山草坡和林间草地

我国南方地区存在着大片的草山草坡和林间草地，这些区域主要分布在长江流域以南的地区，包括云南（迪庆藏族自治州除外）、贵州、湖南、湖北、浙江、福建、台湾、广东、海南、广西等在内的各类山丘草场。

大针茅草原

在内蒙古自治区锡林郭勒盟，以大针茅为主的植物群落构成了内蒙古高原上最具代表性的草原——大针茅草原。大针茅是一种优良牧草，其开花前受到各种家畜的喜爱。大针茅草原上还生长着羊草、糙隐子草、冷蒿等其他牧草。它们与大针茅一样，都是优良牧草，与大针茅共同构成理想的天然牧场。

草甸类型草原

内蒙古自治区东北部的呼伦贝尔市有我国面积最大的草甸类型草原——呼伦贝尔草原。这里拥有品质优良的牧草，土壤湿润而肥沃，蜿蜒的河流和清澈的湖泊镶嵌其中，春夏秋三季花开不断，被誉为"中国最美天然草原"。

荒漠类型草原

荒漠类型草原主要分布在极其干旱的地区，植被以超旱生草本植物为主，并伴有一定数量的灌木及乔木。在某些情况下灌木更占优势。我国新疆的准噶尔盆地有大片荒漠类型草原，这里是一个看似荒凉，实则充满生机的地方。一些超旱生草本植物、灌木和乔木在黄沙和碎石中艰难地生长，猛禽在天空盘旋，鹅喉羚在地面驰骋，野驴和盘羊你来我往……它们共同构成了荒漠草原的壮丽风光。

○ 灌草丛类型的草原

灌草丛类型的草原主要分布在我国湿润和半湿润地区，它是在森林植被受到连续破坏之后，原来的植被难以在短时间内自然恢复，从而形成的一种特殊的草原类型，包括暖性草丛草地、暖性灌草丛草地、热性草丛草地等小类。

○ 稀树草原

稀树草原可分为温带稀树草原和热带稀树草原，草原上零散分布着乔木。中国的稀树草原比较少，主要分布在海南和云南的少数地区。

○ 人工草地

人工草地主要分布于牧区，草地中人工栽培的植物占优势，自然生长的植物占比一般小于 50%。人工草地一般不进行类型细分。

○ 青藏高原高寒草原

我国拥有世界上独一无二的草原，这就是位于青藏高原之上，有着"最'高冷'的草原"之称的青藏高原高寒草原。

中国的沙

根据第六次全国荒漠化和沙化调查结果，截至 2019 年，我国荒漠化土地总面积已达到 25737.13 万公顷，占我国国土面积的 26.81%。其中，新疆、内蒙古、西藏、甘肃和青海五个省级行政区荒漠化土地面积总额占全国荒漠化土地总面积的 95.99%。

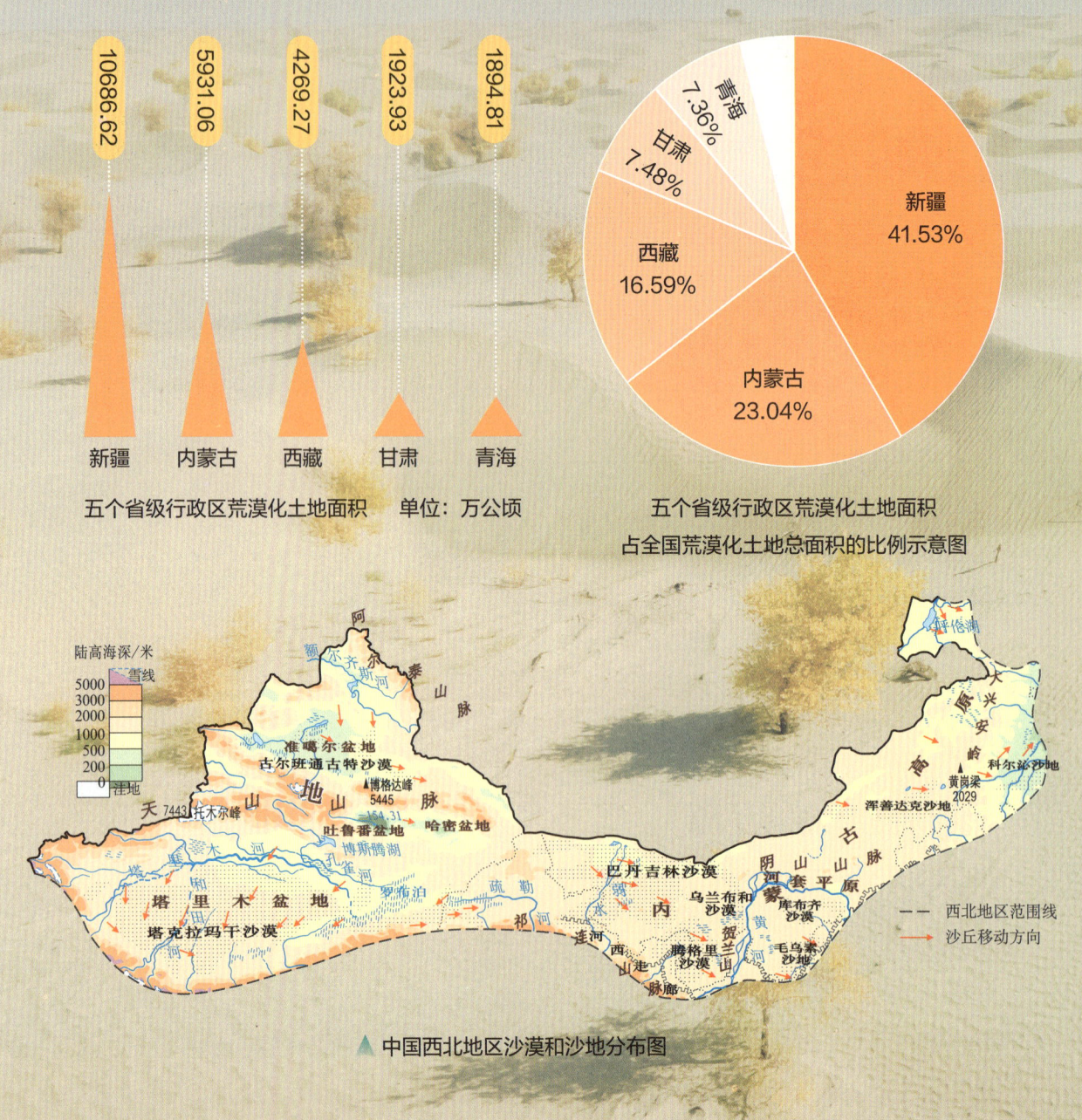

省级行政区	荒漠化土地面积（万公顷）	占比
新疆	10686.62	41.53%
内蒙古	5931.06	23.04%
西藏	4269.27	16.59%
甘肃	1923.93	7.48%
青海	1894.81	7.36%

五个省级行政区荒漠化土地面积　单位：万公顷

五个省级行政区荒漠化土地面积占全国荒漠化土地总面积的比例示意图

▲ 中国西北地区沙漠和沙地分布图

截至2019年，全国沙化土地面积达16878.23万公顷，占国土面积的17.58%。这些沙化土地主要分布在西北干旱区和青藏高原，黄淮海平原及长江以南的沿海、沿河、沿湖地区多呈零星分布，我国8大沙漠面积约60万平方千米。习惯上，人们将西部干旱区中流动、半流动沙丘覆盖的区域称为沙漠，将东部半干旱或半湿润区中由固定、半固定沙丘覆盖的区域称为沙地。

中国的沙漠主要由11个沙漠和7个沙地构成，按照面积大小排序，可以得到中国沙漠面积排行榜

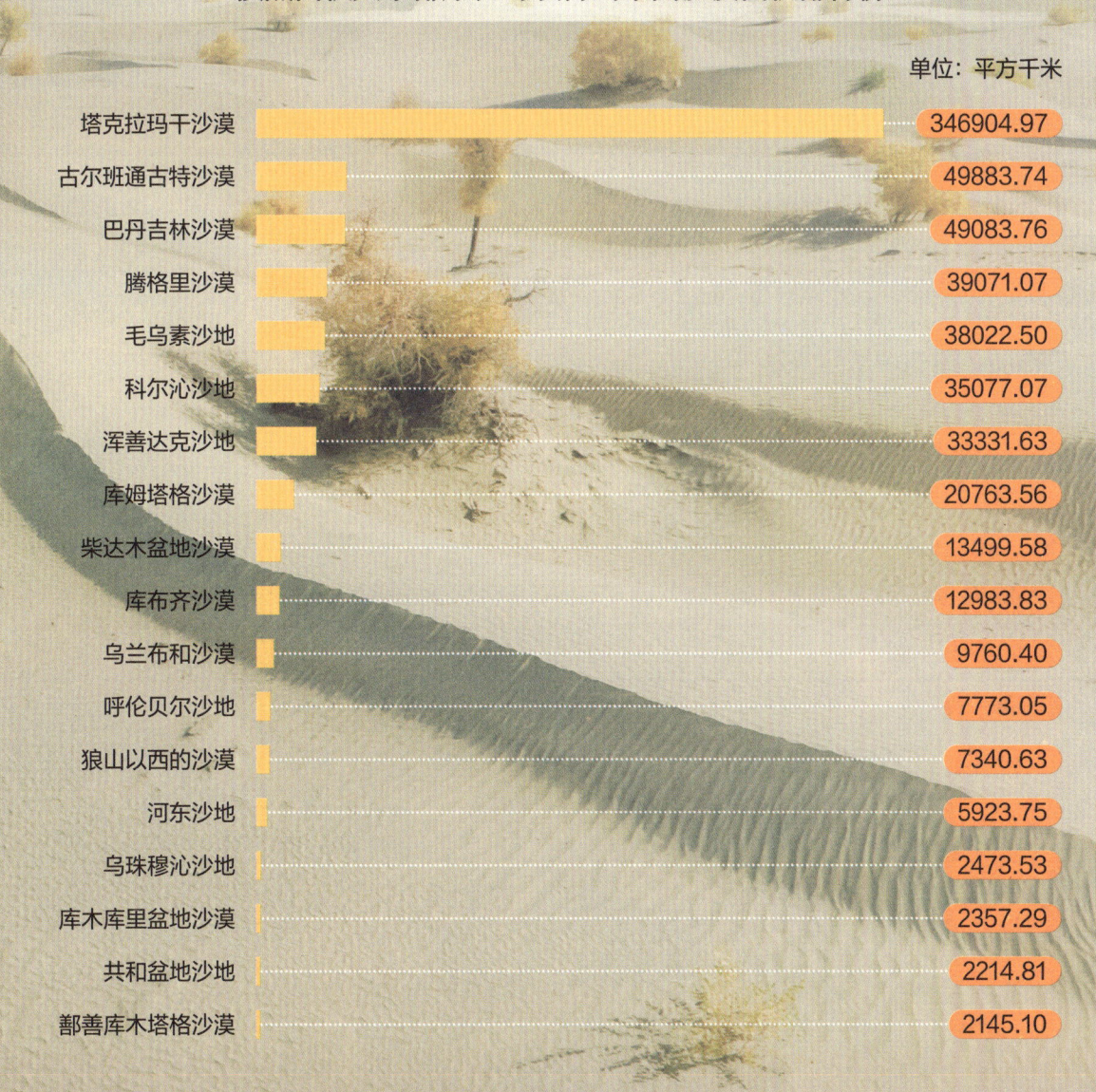

单位：平方千米

塔克拉玛干沙漠	346904.97
古尔班通古特沙漠	49883.74
巴丹吉林沙漠	49083.76
腾格里沙漠	39071.07
毛乌素沙地	38022.50
科尔沁沙地	35077.07
浑善达克沙地	33331.63
库姆塔格沙漠	20763.56
柴达木盆地沙漠	13499.58
库布齐沙漠	12983.83
乌兰布和沙漠	9760.40
呼伦贝尔沙地	7773.05
狼山以西的沙漠	7340.63
河东沙地	5923.75
乌珠穆沁沙地	2473.53
库木库里盆地沙漠	2357.29
共和盆地沙地	2214.81
鄯善库木塔格沙漠	2145.10

中国的海

在中国的版图上，不只有黄土地，还有蓝海水。中国不仅是陆地大国，也是名副其实的海洋大国。中国濒临渤海、黄海、东海、南海及台湾岛以东的太平洋等辽阔的海域。

渤海是我国最北边的海。从高空俯视，辽东半岛南端老铁山角与山东半岛北岸蓬莱角相对峙，像一双巨臂把渤海环抱起来。黄海是我国三大边缘海之一，是一个大致呈南北向的半封闭大陆架浅海。东海是位于我国大陆东部的开阔的边缘海，港湾众多，岛屿星罗棋布，我国一半以上的岛屿分布在这里。南海是位于我国大陆南部的边缘海，是我国近海中面积最大、最深的海区。台湾岛以东的太平洋海域指琉球群岛以南、台湾岛和巴士海峡以东的太平洋水域。

我国众多的海岛各具特色，是我国领土的重要组成部分。

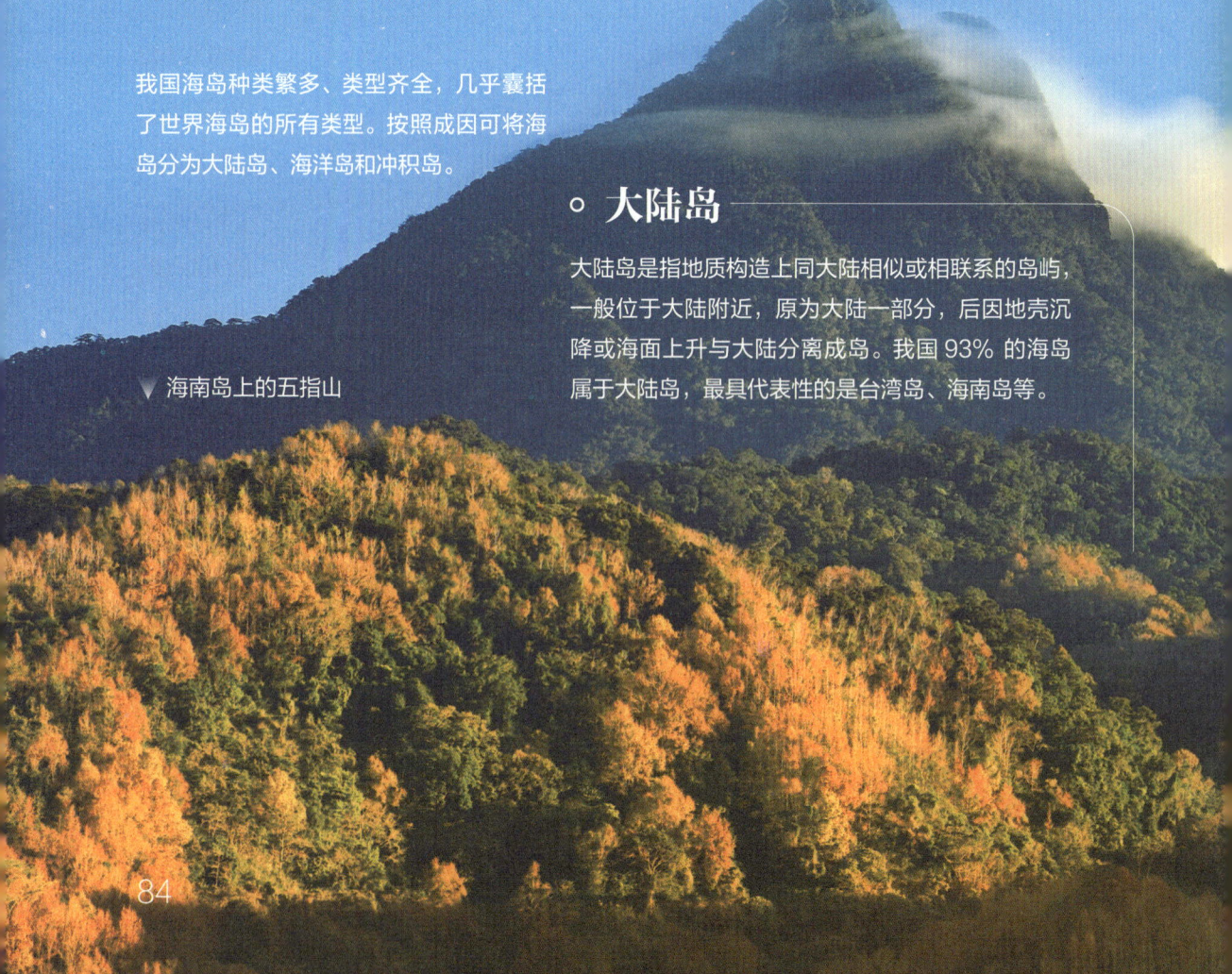

我国海岛种类繁多、类型齐全，几乎囊括了世界海岛的所有类型。按照成因可将海岛分为大陆岛、海洋岛和冲积岛。

▼ 海南岛上的五指山

○ 大陆岛

大陆岛是指地质构造上同大陆相似或相联系的岛屿，一般位于大陆附近，原为大陆一部分，后因地壳沉降或海面上升与大陆分离成岛。我国 93% 的海岛属于大陆岛，最具代表性的是台湾岛、海南岛等。

海洋岛

海洋岛又称"大洋岛",指发育过程与大陆无直接联系的、在海洋中单独形成的岛屿。按照成因,海洋岛可分为火山岛和珊瑚岛两种。

▼ 涠洲岛

火山岛是由海底火山的喷发物质堆积而成的岛屿。火山岛通常地势高峻陡峭,主要分布在太平洋西南部、印度洋西部和大西洋中部。我国的火山岛数量较少,主要有钓鱼岛、赤尾屿、涠洲岛等。

珊瑚岛是由珊瑚礁构成,或在珊瑚礁上形成的沙岛。珊瑚岛一般面积较小,地势低平,四周通常被大面积的珊瑚礁群所环绕,主要分布在热带亚热带海域。我国的西沙群岛、南沙群岛、中沙群岛、东沙群岛等都属于珊瑚岛。

▼ 南海中的珊瑚岛

冲积岛

冲积岛，又称堆积岛、泥沙岛，是在江河入海口处由泥沙经年累月堆积而成的岛屿。冲积岛地势低平，地貌形态也较为简单，一般由沙、黏土等碎屑物质组成，土地肥沃，水资源丰富，可开发成良田，发展农业。我国面积最大的冲积岛是位于长江口的崇明岛，为仅次于台湾岛和海南岛的第三大岛。

▼ 崇明岛

我的家

5

在中国

我的旅行手帐

乌鲁木齐◎

新疆维吾尔自治区

西藏自治

◎拉萨

1. 你的家乡在哪里？用彩笔涂出来吧。

2. 你去过哪些省级行政区？在那里画上小脚丫吧，留下你的足迹。

3. 你还想去哪些省级行政区？与小伙伴一起交流一下想去的地方吧。

中国简图

- 黑龙江 — 哈尔滨
- 吉林 — 长春
- 辽宁 — 沈阳
- 内蒙古自治区 — 呼和浩特
- 河北 — 石家庄
- 北京市 — 北京
- 天津市 — 天津
- 山西 — 太原
- 山东 — 济南
- 甘肃 — 兰州
- 青海 — 西宁
- 宁夏回族自治区 — 银川
- 陕西 — 西安
- 河南 — 郑州
- 江苏 — 南京
- 上海市 — 上海
- 安徽 — 合肥
- 浙江 — 杭州
- 湖北 — 武汉
- 四川 — 成都
- 重庆市 — 重庆
- 江西 — 南昌
- 湖南 — 长沙
- 福建 — 福州
- 贵州 — 贵阳
- 云南 — 昆明
- 广西壮族自治区 — 南宁
- 广东 — 广州
- 香港特别行政区 — 香港
- 澳门特别行政区 — 澳门
- 海南 — 海口
- 台湾 — 台北

岛屿及岛礁：钓鱼岛、赤尾屿、台湾岛、东沙群岛、东沙岛、海南岛、西沙群岛、永兴岛、中沙群岛、黄岩岛、南沙群岛、太平岛、永暑礁、西礁、曾母暗沙

我的家乡我来记

两湖两广两河山，五江云贵福吉安。

四西二宁青陕甘，重海内台北上天，还有港澳好河山。

☆ 省级行政区名片
👤 人口
⊙ 面积

京
北京
☆ 祖国心脏
👤 2189 万人
⊙ 约 1.6 万平方千米

冀
河北
☆ 燕赵大地
👤 7461 万人
⊙ 约 19 万平方千米

豫
河南
☆ 中原大地
👤 9937 万人
⊙ 约 17 万平方千米

内蒙古
内蒙古
☆ 草原毡乡
👤 2405 万人
⊙ 约 118 万平方千米

陕或秦
陕西
☆ 三秦大地
👤 3953 万人
⊙ 约 21 万平方千米

宁
宁夏
☆ 塞上江南
👤 720 万人
⊙ 约 6.6 万平方千米

黑
黑龙江
☆ 林海雪原
👤 3185 万人
⊙ 约 46 万平方千米

吉
吉林
☆ 北国江城
👤 2407 万人
⊙ 约 19 万平方千米

甘或陇
甘肃
☆ 陇右粮仓
👤 2502 万人
⊙ 约 43 万平方千米

晋
山西
☆ 表里山河
👤 3492 万人
⊙ 约 16 万平方千米

青
青海
☆ 中华水塔
👤 592 万人
⊙ 约 72 万平方千米

新
新疆
☆ 长绒棉之乡
👤 2585 万人
⊙ 约 166 万平方千米

赣
江西
☆ 赣鄱大地
👤 4519 万人
⊙ 约 17 万平方千米

皖
安徽
☆ 三国故地
👤 6103 万人
⊙ 约 14 万平方千米

云或滇
云南
☆ 七彩云南
👤 4721 万人
⊙ 约 39 万平方千米

辽宁
- 辽沈大地
- 4259 万人
- 约 15 万平方千米

天津
- 渤海明珠
- 1387 万人
- 约 1.2 万平方千米

山东
- 孔孟之乡
- 10153 万人
- 约 16 万平方千米

江苏
- 吴韵汉风
- 8475 万人
- 约 10 万平方千米

上海
- 东方明珠
- 2487 万人
- 约 6340 平方千米

浙江
- 丝绸之府
- 6457 万人
- 约 10 万平方千米

香港
- 东方之珠
- 747 万人
- 1104 平方千米

澳门
- 东方的拉斯维加斯
- 68 万人
- 29.2 平方千米

福建
- 八闽大地
- 4154 万人
- 约 12 万平方千米

台湾
- 美丽宝岛
- 2356 万人
- 3.6 万平方千米

广西
- 八桂大地
- 5013 万人
- 约 24 万平方千米

海南
- 南海明珠
- 1008 万人
- 约 3.4 万平方千米

广东
- 岭南热土
- 12601 万人
- 约 18 万平方千米

湖北
- 九省通衢
- 5775 万人
- 约 19 万平方千米

湖南
- 湘楚大地
- 6644 万人
- 约 21 万平方千米

贵州
- 中国酒都
- 3856 万人
- 约 18 万平方千米

四川
- 天府之国
- 8367 万人
- 约 49 万平方千米

重庆
- 西南山城
- 3205 万人
- 约 8.2 万平方千米

西藏
- 世界屋脊
- 365 万人
- 120.28 万平方千米

注：人口数据来自第七次全国人口普查数据

我的家乡我来夸

北京是人类发祥地之一，北京猿人曾在此繁衍生息。北京是世界闻名的历史文化名城，曾是辽、金、元、明、清五朝国都。这里名胜荟萃，有世界上现存规模最大的皇宫故宫、皇家园林颐和园、八达岭长城等古迹。此外，北京烤鸭、京味小吃也闻名中外。

北京市

天津具有中西合璧、古今兼容的城市风貌，既有雕梁画栋的古建筑，又有新颖别致的西洋建筑，素有"近代百年看天津"之誉。天津五大道有"万国建筑博览苑"的美称。天津相声、杨柳青年画、泥人张彩塑等艺术形式精彩纷呈，天津三绝——狗不理包子、耳朵眼炸糕、十八街麻花驰名中外。

天津市

黑龙江生态资源丰富，有林海广袤的大、小兴安岭，富饶的三江平原，以及扎龙自然保护区、五大连池、镜泊湖等景区。东北虎、丹顶鹤、梅花鹿等珍稀动物在这里繁衍生息。黑龙江以冰雪旅游著称，千里冰封、万里雪飘的北国风光吸引着八方游客。冰城哈尔滨的亚布力滑雪场、雪雕、冰灯节，牡丹江的"中国雪乡"，鄂伦春族、赫哲族等民族的浓郁风情，让人流连忘返。

黑龙江省

吉林是我国农业大省，素称"黑土地之乡"，又是新中国汽车、电影工业的摇篮。吉林拥有"关东第一山"长白山，世界文化遗产高句丽王城、王陵及贵族墓葬，以及净月潭、松花湖、长影世纪城等风景名胜。向海保护区的丹顶鹤和吉林特产人参、鹿茸闻名中外。

吉林省

上海历史悠久，人文荟萃，见证了中国近代历史的风云变幻，是中国共产党的诞生地。上海有徐光启、黄道婆、孙中山、宋庆龄、鲁迅等名人的故居或纪念地。作为海派文化的中心，上海话、老洋房、弄堂、石库门、旗袍等是上海风情的代表性符号。人们游外滩，可以观赏黄浦江及其两岸的古今建筑；逛豫园、南京路，可以品尝上海的风味小吃，感受上海的独特味道。

上海市

江苏地处美丽富饶的长江三角洲，湖泊遍布，土地肥沃，物产丰饶，有"鱼米之乡"的美誉。苏州拥有江淮、金陵、吴和中原四大文化，是我国古代文明的发祥地之一。苏州自然景观与人文景观相互交融，"吴韵汉风，各擅所长"，有太湖、瘦西湖、苏州古典园林、明孝陵、京杭运河等风景名胜。苏州刺绣、南京云锦、扬州玉雕和宜兴陶瓷等传统工艺享誉中外。

江苏省

河北因位于古代九州之一的冀州,故简称冀。春秋战国时期,河北主要的诸侯国为燕国和赵国,故有"燕赵大地"之称。河北是蔺相如、纪晓岚、郦道元等著名历史人物的故乡。承德避暑山庄、北戴河、山海关等游览胜地令各地游人流连忘返。

河北省

山西是世界上最早、最大的农业起源中心之一,又因煤炭资源丰富,被誉为"煤炭之乡"。山西物华天宝,人杰地灵,曾一度成为北方政治文化中心,相传唐尧、虞舜、夏禹曾建都于此。这里还是关羽、武则天、王维、柳宗元、司马光等名人的故乡。其拥有云冈石窟、晋祠、应县木塔、悬空寺、平遥古城等名胜古迹。山西特产、美食众多,其中面食文化博大精深,闻名中外。

山西省

辽宁是东北地区唯一的既沿海又沿边的省区,交通便利,资源丰富,是我国现代工业崛起的摇篮,重要的老工业基地之一,以及重要的粮食产区。辽宁有沈阳故宫、盛京三陵等名胜古迹。辽宁拥有壮丽的山海景观,迷人的海岸风光。东北二人转、东北秧歌等都是独特的民俗风情。

辽宁省

内蒙古大部分地区地势平缓,草原遍布,是中国四大牧区之首。美丽的呼伦湖是草原上的璀璨明珠。内蒙古是中华文明的发祥地之一,这里很早就有远古人类生活,历史上众多的游牧民族创造出独具特色的草原文明。蒙古族人民热情好客,那达慕大会气氛热烈,烤全羊、手把肉等特色美食深受全国游客喜爱。

内蒙古自治区

浙江山灵水秀,物产丰富,是著名的鱼米之乡、"丝绸之府"。这里还是骆宾王、陆游、王阳明、黄宗羲、鲁迅等历史名人的故乡。浙江水光潋滟的西湖、雄浑壮阔的钱塘潮、碧波荡漾的千岛湖、峰奇岩秀的雁荡山、"海天佛国"普陀山等风景名胜闻名遐迩。古老的越剧享誉全国。

浙江省

安徽是历史上的风云之地,我国历史上第一次农民起义在此发动,楚王项羽在垓下陷入四面楚歌,上演了霸王别姬的传奇。安徽不仅是曹操、华佗、包拯、朱元璋等杰出人物的故乡,还孕育了新安理学、桐城派文学等。安徽山岳锦绣多姿,有闻名天下的黄山、九华山、天柱山、琅琊山等。扬子鳄、白鳍豚等珍稀野生动物栖息于此。可以说"物华天宝,人杰地灵"是对安徽的真实写照。

安徽省

福建境内群山连绵，峰峦叠翠，岛屿星罗棋布，有"东南山国"之称。"奇秀甲东南"的武夷山坐落于此。这里是华南虎、金钱豹、中华白海豚等珍稀动物的家园。福建盛产菠萝、龙眼、荔枝等鲜美水果，武夷岩茶更是闻名天下。福建人文荟萃，是郑成功、林则徐、严复等名人的故乡，也是客家人聚居之地。

福建省

江西资源丰富，物产丰饶，有色金属、稀土、木材等产量颇丰。江西是著名的革命老区，井冈山是中国革命的摇篮，南昌是中国人民解放军的诞生地，瑞金是中华苏维埃共和国临时中央政府成立的地方，安源是中国工人运动的策源地。江西风景名胜众多，有庐山、滕王阁、白鹿洞书院等。江西景德镇的瓷器历史悠久，闻名中外。

江西省

广西壮族自治区位于我国南部，四周山岭绵延，中部多为丘陵，喀斯特地貌分布较广，千姿百态的峰林、溶洞与回环曲折的地下河相映成趣，灵秀奇绝的桂林山水为其代表。这里蕴藏着丰富的矿产资源，盛产柑橘、柚子、芒果等水果，被誉为"水果之乡"。广西是壮族的主要聚居地。绚丽的壮锦、三月三歌节等具有浓郁的民族风情，神秘的左江花山岩画人文景观被列为世界文化遗产。

广东位于中国南部沿海，境内多丘陵和山地。这里四季常青、风光宜人，盛产水果，矿产资源丰富，有"稀有金属和有色金属之乡"的称号。广东人杰地灵，是张九龄、孙中山、康有为、梁启超等历史人物的故乡，还是著名的侨乡。广东的历史遗迹、名人故居、岭南园林等不胜枚举。粤菜是中国八大菜系之一，潮州工夫茶、广式点心闻名全国。

广东省

广西壮族自治区

海南岛是"热带宝地"，生长着许多珍贵的木材、藤类，栖息着众多珍稀动物。这里的橡胶产量很大，在全国占有重要地位；还盛产剑麻、咖啡、椰子、菠萝等热带作物。南海诸岛附近不仅水产资源丰富，盛产海鱼、龙虾等，还蕴藏着丰富的资源，如石油、天然气等。海南岛四季如春、鲜花盛开、瓜果飘香，具有独特的魅力。

海南省

山东是孔子、孟子、孙子等名人的故乡。黄河奔腾5000多千米，在此汇入渤海。山东境内名山大川众多，五岳之尊泰山巍峨屹立于中部，道教名山崂山耸立在黄海之滨，世界上最长的古运河——京杭运河流经这里。此外，"泉城"济南、"世界风筝之都"潍坊、"帆船之都"青岛等城市也享誉中外。

山东省

河南是人口大省，也是我国重要的粮食产区，还是中国古代文明的重要发祥地，是中国古都数量最多的省区，自古就有"天下名人，中州过半"之说。其主要景点有安阳殷墟、龙门石窟、嵩山少林寺等。

河南省

湖南地处长江南岸，气候温和，土地肥沃，是著名的鱼米之乡。湖南英才辈出，是蔡伦、周敦颐等历史名人的故里，也是毛泽东、刘少奇、彭德怀等老一辈无产阶级革命家的诞生地，故而被称为"伟人故里""将帅之乡"。湘绣是我国四大名绣之一，湘菜是我国八大菜系之一。

湖南省

湖北盛产鱼虾、莲藕，种植业发达，有"湖广熟，天下足"之说。这里有金丝猴、白鹤、中华鲟、水杉等珍稀动植物，又因草本药材种类繁多，被称为"中华药库"。湖北自古是兵家必争之地，刘备借荆州、关羽大意失荆州、赤壁之战等三国故事家喻户晓。神农架、武当山、黄鹤楼、长江三峡等风景名胜天下闻名。

湖北省

重庆境内自然、人文景观众多，包括举世闻名的长江三峡、乌江千里画廊、"川东小峨眉"缙云山、世界文化遗产大足石刻等名胜。这里还是巴渝文化的发祥地，诗仙李白、诗圣杜甫都曾旅居于此，留下了不朽的诗篇。重庆特色美食风味独特，重庆火锅闻名全国。

重庆市

四川历史悠久、人杰地灵，物产丰饶、山川秀美，享有"天府之国"的美誉。四川拥有峨眉山、青城山、九寨沟、黄龙等绮丽的自然风光，还有乐山大佛、都江堰、三星堆等名胜古迹。四川民族风情浓郁多姿，多种文化交相辉映。川菜以麻辣鲜香闻名天下。

四川省

贵州境内以山地居多，喀斯特地貌显著，河谷深切，有"八山一水一分田"之说。贵州有以溶洞、石林、瀑布为特色的奇山秀水，是苗族、布依族、侗族等少数民族的主要聚居地，有着多姿多彩的民族风情。贵州还以遵义会议会址等红色文化胜迹闻名全国。

云南地形复杂多样，资源丰富，有苍山、洱海、三江并流、路南石林、大理古城、丽江古城等举世闻名的景观。云南是人类重要的发祥地之一，还是中国世居少数民族最多的省区，傣族的泼水节、彝族的火把节等尽显浓郁的民族风情。云南有"动植物王国"的美誉，西双版纳热带原始森林是野象、孔雀、巨蟒等珍禽异兽的家园。

贵州省

云南省

宁夏回族自治区地处我国西北地区东部，黄河上游。这里是西夏王朝的故地，巍峨的贺兰山下，矗立着西夏王陵；这里还是"塞北明珠""塞上江南"。秦汉时，人们引黄河水灌溉农田，使银川平原成为鱼米之乡，并成就了"天下黄河富宁夏"的美名。

宁夏回族自治区

新疆维吾尔自治区素有"瓜果之乡"和"歌舞之乡"的美称。这里自然景观奇特，文物古迹丰富，民族风情绚丽多彩。"三山夹两盆"的复杂地形，浩瀚的戈壁，辽阔的草原，雄奇的雪山，古丝绸之路上的悠扬驼铃声，沙漠中的古城残垣和烽燧废墟，以及绿洲深处少数民族的歌声舞影，无不向世人展示着新疆的独特魅力。

香港是全球第三大金融中心，是世界著名的自由贸易港和国际航运中心，维多利亚港是世界三大优良天然港口之一。香港市区大厦如林，酒楼栉比，东西方文化在这里交融，被称为"东方之珠""购物天堂"。

新疆维吾尔自治区

香港特别行政区

96

西藏自治区位于有"世界屋脊"之称的青藏高原西南部。西藏古称"吐蕃",是藏族文化的发祥地,也是藏族的主要聚居地。西藏地貌奇特,文化遗迹众多,有世界最高峰——珠穆朗玛峰和气势恢宏的布达拉宫。雄奇瑰丽的雪域高原风光,以及古老而独特的文化,都向世人展示着这片土地的独特魅力。

西藏自治区

陕西山川灵秀,名胜古迹众多,有"天下第一险山"华山、骊山、秦始皇陵及兵马俑,以及大雁塔、小雁塔、法门寺等。金丝猴、大熊猫、羚牛、朱鹮等珍稀动物栖居在这里。栩栩如生的陕北剪纸、气势磅礴的安塞腰鼓、高亢豪放的秦腔体现了浓郁的陕西风情。

陕西省

青海境内峰峦叠嶂,雪山连绵,江河纵横,湖泊众多,是长江、黄河、澜沧江的发源地,被誉为"江河源头"。这里有广袤辽阔的天然草原,以及各种珍稀的野生动植物。青海还是世界上盐湖最集中的地区,星罗棋布的盐湖构成了独特的自然景观。位于青海中西部的柴达木盆地有"聚宝盆"之称,矿产资源极其丰富。

青海省

甘肃位于中国西北部,是中华民族的发祥地之一。著名的"河西走廊"是连通我国东西部的咽喉要道,还是古丝绸之路的黄金路段。张骞出使西域、玄奘西天取经、马可波罗西行东往都曾经由这里。敦煌莫高窟、嘉峪关、玉门关、拉卜楞寺等名胜古迹让人流连忘返。

甘肃省

澳门是一个国际自由港,是世界人口密度最高的地区之一,也是世界四大赌城之一。中西方文化的交融使澳门成为一个风貌独特的城市,大量珍贵的历史文化遗存,如大三巴牌坊、妈阁庙、普济禅院等古迹引人入胜。此外,澳门风味美食也让人流连忘返。

澳门特别行政区

台湾省位于中国东南海域,包括台湾岛、澎湖列岛、兰屿、绿岛、钓鱼岛、赤尾屿及其他附属岛屿,居民主要为汉族和高山族。台湾岛是美丽富饶的宝岛,气候湿润,物产丰富,有"森林宝库"之称。台湾省旅游资源十分丰富,清代即有"八景十二胜"之说,玉山、阿里山、日月潭风光独特,让人流连忘返。

台湾省